The NASA STI Program Office ... in Profile

Since its founding, NASA has been dedicated to the advancement of aeronautics and space science. The NASA Scientific and Technical Information (STI) Program Office plays a key part in helping NASA maintain this important role.

The NASA STI Program Office is operated by Langley Research Center, the lead center for NASA's scientific and technical information. The NASA STI Program Office provides access to the NASA STI Database, the largest collection of aeronautical and space science STI in the world. The Program Office is also NASA's institutional mechanism for disseminating the results of its research and development activities. These results are published by NASA in the NASA STI Report Series, which includes the following report types:

- TECHNICAL PUBLICATION. Reports of completed research or a major significant phase of research that present the results of NASA programs and include extensive data or theoretical analysis. Includes compilations of significant scientific and technical data and information deemed to be of continuing reference value. NASA's counterpart of peer-reviewed formal professional papers but has less stringent limitations on manuscript length and extent of graphic presentations.

- TECHNICAL MEMORANDUM. Scientific and technical findings that are preliminary or of specialized interest, e.g., quick release reports, working papers, and bibliographies that contain minimal annotation. Does not contain extensive analysis.

- CONTRACTOR REPORT. Scientific and technical findings by NASA-sponsored contractors and grantees.

- CONFERENCE PUBLICATION. Collected papers from scientific and technical conferences, symposia, seminars, or other meetings sponsored or cosponsored by NASA.

- SPECIAL PUBLICATION. Scientific, technical, or historical information from NASA programs, projects, and mission, often concerned with subjects having substantial public interest.

- TECHNICAL TRANSLATION. English-language translations of foreign scientific and technical material pertinent to NASA's mission.

Specialized services that complement the STI Program Office's diverse offerings include creating custom thesauri, building customized databases, organizing and publishing research results ... even providing videos.

For more information about the NASA STI Program Office, see the following:

- Access the NASA STI Program Home Page at http://www.sti.nasa.gov/STI-homepage.html

- E-mail your question via the Internet to help@sti.nasa.gov

- Fax your question to the NASA Access Help Desk at (301) 621-0134

- Telephone the NASA Access Help Desk at (301) 621-0390

- Write to:
  NASA Access Help Desk
  NASA Center for AeroSpace Information
  7121 Standard Drive
  Hanover, MD 21076–1320

NASA/TP—2004–212762

Total Solar Eclipse of 2006 March 29

F. Espenak
NASA Goddard Space Flight Center, Greenbelt, Maryland

J. Anderson
Environment Canada, Winnipeg, Manitoba, Canada

National Aeronautics and
Space Administration

Goddard Space Flight Center
Greenbelt, Maryland 20771

November 2004

Available from:

NASA Center for AeroSpace Information
7121 Standard Drive
Hanover, MD 21076-1320
Price Code: A17

National Technical Information Service
5285 Port Royal Road
Springfield, VA 22161
Price Code: A10

Preface

This work is the tenth in a series of NASA publications containing detailed predictions, maps and meteorological data for future central solar eclipses of interest. Published as part of NASA's Technical Publication (TP) series, the eclipse bulletins are prepared in cooperation with the Working Group on Eclipses of the International Astronomical Union and are provided as a public service to both the professional and lay communities, including educators and the media. In order to allow a reasonable lead time for planning purposes, eclipse bulletins are published 18–24 months before each event.

Single copies of the bulletins are available at no cost by sending a 9 × 12 inch self addressed stamped envelope with postage for 12 oz. (340 g). Detailed instructions and an order form can be found at the back of this publication.

The 2006 bulletin uses the World Data Bank II (WDBII) mapping database for the path figures. WDBII outline files were digitized from navigational charts to a scale of approximately 1:3,000,000. The database is available through the *Global Relief Data CD-ROM* from the National Geophysical Data Center. The highest detail eclipse maps are constructed from the Digital Chart of the World (DCW), a digital database of the world developed by the U.S. Defense Mapping Agency (DMA). The primary sources of information for the geographic database are the Operational Navigation Charts (ONC) and the Jet Navigation Charts (JNC). The eclipse path and DCW maps are plotted at a scale of 1:2,000,000 to 1:7,000,000 in order to show roads, cities and villages, lakes, and rivers, making them suitable for eclipse expedition planning.

The geographic coordinates database includes over 90,000 cities and locations. This permits the identification of many more cities within the umbral path and their subsequent inclusion in the local circumstances tables. Many of these locations are plotted in the path figures when the scale allows. The source of these coordinates is Rand McNally's *The New International Atlas*. A subset of these coordinates is available in a digital form, which has been augmented with population data.

The bulletins have undergone a great deal of change since their inception in 1993. The expansion of the mapping and geographic coordinates databases have improved the coverage and level of detail required by eclipse planning. Some of these changes are the direct result of suggestions from the end user. You are encouraged to share comments and suggestions on how to improve the content and layout in subsequent editions. Although every effort is made to ensure that the bulletins are as accurate as possible, an error occasionally slips by. We would appreciate your assistance in reporting all errors, regardless of their magnitude.

We thank Dr. B. Ralph Chou for a comprehensive discussion on solar eclipse eye safety (Sect. 3.1). Dr. Chou is Professor of Optometry at the University of Waterloo and he has over 30 years of eclipse observing experience. As a leading authority on the subject, Dr. Chou's contribution should help dispel much of the fear and misinformation about safe eclipse viewing.

Dr. Joe Gurman (GSFC/Solar Physics Branch) has made this and previous eclipse bulletins available over the Internet. They can be read or downloaded via the World Wide Web from Goddard's Solar Data Analysis Center eclipse information page http://umbra.nascom.nasa.gov/eclipse/.

The NASA Eclipse Home Page provides general information on every solar and lunar eclipse occurring during the period 1901 through 2100. An online catalog also lists the date and basic characteristics of every solar and lunar eclipse from 2000 B.C. through A.D. 3000. The "world atlas of solar eclipses" is a recent addition, which shows the path of every central solar eclipse over the same five millennia period. The URL of the NASA Eclipse Home Page is http://sunearth.gsfc.nasa.gov/eclipse/eclipse.html.

In addition to the synoptic data provided by the Web site above, a special page devoted to the 2006 total solar eclipse has been set up http://sunearth.gsfc.nasa.gov/eclipse/SEmono/TSE2006/TSE2006.html. It includes supplemental predictions, figures, and maps which could not be included in the present publication.

Because the eclipse bulletins have size limits, they cannot include everything needed by every scientific investigation. Some investigators may require exact contact times, which include lunar limb effects, or for a specific observing site not listed in the bulletin. Other investigations may need customized predictions for an aerial rendezvous or near the path limits for grazing eclipse experiments. We would like to assist such investigations by offering to calculate additional predictions for any professionals or large groups of amateurs. Please contact Fred Espenak with complete details and eclipse prediction requirements.

We would like to acknowledge the valued contributions of a number of individuals who were essential to the success of this publication. The format and content of the NASA eclipse bulletins has drawn heavily upon over 40 years of eclipse *Circulars* published by the U.S. Naval Observatory. We owe a debt of gratitude to past and present staff of that institution who performed this service for so many years. The numerous publications and algorithms of Dr. Jean Meeus have served to inspire a life-long interest in eclipse prediction. Prof. Jay M. Pasachoff reviewed the manuscript and offered many helpful suggestions. Dr. David Dunham helped update the information about eclipse contact timings. Internet availability of the eclipse bulletins is due to the efforts of Dr. Joseph B. Gurman. The support of Environment Canada is acknowledged in the acquisition of the weather data.

Permission is freely granted to reproduce any portion of this publication, including data, figures, maps, tables, and text. All uses and/or publication of this material should be accompanied by an appropriate acknowledgment (e.g., "Reprinted from NASA's *Total Solar Eclipse of 2006 March 29,* Espenak and Anderson 2004"). We would appreciate receiving a copy of any publications where this material appears.

The names and spellings of countries, cities and other geopolitical regions are not authoritative, nor do they imply any official recognition in status. Corrections to names, geographic coordinates, and elevations are actively solicited in order to update the database for future bulletins. All calculations, diagrams, and opinions are those of the authors and they assume full responsibility for their accuracy.

Fred Espenak
NASA/Goddard Space Flight Center
Planetary Systems Branch, Code 693
Greenbelt, MD 20771
USA

E-mail: espenak@gsfc.nasa.gov
Fax: (301) 286-0212

Jay Anderson
Environment Canada
123 Main Street, Suite 150
Winnipeg, MB,
CANADA R3C 4W2

E-mail: jander@cc.umanitoba.ca
Fax: (204) 983-0109

Past and Future NASA Solar Eclipse Bulletins

NASA Eclipse Bulletin	RP #	Publication Date
Annular Solar Eclipse of 1994 May 10	1301	April 1993
Total Solar Eclipse of 1994 November 3	1318	October 1993
Total Solar Eclipse of 1995 October 24	1344	July 1994
Total Solar Eclipse of 1997 March 9	1369	July 1995
Total Solar Eclipse of 1998 February 26	1383	April 1996
Total Solar Eclipse of 1999 August 11	1398	March 1997

NASA Eclipse Bulletin	TP #	Publication Date
Total Solar Eclipse of 2001 June 21	1999–209484	November 1999
Total Solar Eclipse of 2002 December 04	2001–209990	October 2001
Annular and Total Solar Eclipses of 2003	2002–211618	October 2002

----------- future -----------

Total Solar Eclipse of 2008 August 01	—	2006
Total Solar Eclipse of 2009 July 22	—	2007

F. Espenak and J. Anderson

Table of Contents

1. ECLIPSE PREDICTIONS 1
   1.1 Introduction 1
   1.2 Umbral Path and Visibility 1
   1.3 Orthographic Projection Map of the Eclipse Path 1
   1.4 Equidistant Conic Projection Map of the Eclipse Path 2
   1.5 Detailed Maps of the Umbral Path 2
   1.6 Elements, Shadow Contacts, and Eclipse Path Tables 3
   1.7 Local Circumstances Tables 4
   1.8 Estimating Times of Second and Third Contacts 5
   1.9 Mean Lunar Radius 5
   1.10 Lunar Limb Profile 6
   1.11 Limb Corrections to the Path Limits: Graze Zones 7
   1.12 Saros History 8

2. WEATHER PROSPECTS FOR THE ECLIPSE 9
   2.1 Overview 9
   2.2 Brazil 10
   2.3 Coastal Africa 10
   2.4 Across the Sahara 11
   2.5 The Mediterranean Coast of Africa 12
   2.6 Turkey and the Black Sea 12
   2.7 Kazakhstan, Eastern Russia, and Mongolia 13
   2.8 Weather at Sea 13
   2.9 Summary 13
   2.10 Weather Web Sites 14

3. OBSERVING THE ECLIPSE 14
   3.1 Eye Safety and Solar Eclipses 14
   3.2 Sources for Solar Filters 16
   3.3 Eclipse Photography 16
   3.4 Sky At Totality 18
   3.5 Contact Timings from the Path Limits 18
   3.6 Plotting the Path on Maps 19

4. ECLIPSE RESOURCES 19
   4.1 IAU Working Group on Eclipses 19
   4.2 IAU Solar Eclipse Education Committee 19
   4.3 Solar Eclipse Mailing List 19
   4.4 International Solar Eclipse Conference 20
   4.5 NASA Eclipse Bulletins on Internet 20
   4.6 Future Eclipse Paths on the Internet 20
   4.7 NASA Web Site for 2006 Total Solar Eclipse 20
   4.8 Predictions for Eclipse Experiments 20
   4.9 Algorithms, Ephemerides, and Parameters 21

AUTHOR'S NOTE 21
TABLES 22
FIGURES 47
ACRONYMS 72
UNITS 72
BIBLIOGRAPHY 72
   Further Reading on Eclipses 73
   Further Reading on Eye Safety 74
   Further Reading on Meteorology 74

1. Eclipse Predictions

1.1 Introduction

On Wednesday, 2006 March 29, a total eclipse of the Sun will be visible from within a narrow corridor which traverses half the Earth. The path of the Moon's umbral shadow begins in Brazil and extends across the Atlantic, northern Africa, and central Asia, where it will end at sunset in northern Mongolia. A partial eclipse will be seen within the much broader path of the Moon's penumbral shadow, which includes the northern two thirds of Africa, Europe, and central Asia (Figures 1–5).

1.2 Umbral Path and Visibility

The central eclipse track begins in eastern Brazil, where the Moon's umbral shadow first touches down on Earth at (in Universal Time) 08:36 UT, Figure 6. Along the sunrise terminator, the duration is 1 min 53 s from the center of the 129 km wide path. Traveling over 9 km/s, the umbra quickly leaves Brazil and races across the Atlantic Ocean (with no landfall) for the next half hour. After crossing the equator, the Moon's shadow enters the Gulf of Guinea and encounters the coast of Ghana at 09:08 UT (Figure 2). The Sun stands 44° above the eastern horizon during the 3 min 24 s total phase. The path width has expanded to 184 km while the shadow's ground speed has decreased to 0.958 km/s. Located about 50 km south of the central line, the 1.7 million inhabitants of Accra, Ghana's capital city (Figure 7), can expect a total eclipse lasting 2 min 58 s (09:11 UT).

Moving inland, the umbra enters Togo at 09:14 UT (Figure 4a). Unfortunately, the capital city Lome lies just outside the southern limit so its inhabitants will only witness a grazing partial eclipse. Two minutes later, the leading edge of the umbra will reach Benin whose capital Porto-Novo experiences a deep partial eclipse of magnitude 0.985. Continuing northeast, the shadow's axis enters Nigeria at 09:21 UT (Figure 8). At this time, the central duration has increased to 3 min 40 s, the Sun's altitude is 52°, the path of totality is 188 km wide and the velocity is 0.818 km/s. Because Lagos is situated about 120 km outside the umbra's southern limit, its population of over 8 million will witness a partial eclipse of magnitude 0.968.

The umbra's axis takes about 16 min to cross western Nigeria before entering Niger at 09:37 UT (Figure 9). The central duration is 3 min 54 s as the umbra's velocity continues to decrease (0.734 km/s). During the next hour, the shadow traverses some of the most remote and desolate deserts on the planet (Figures 9–12). When the umbra reaches northern Niger (10:05 UT), it briefly enters extreme northwestern Chad before crossing into southern Libya (Figures 4b and 11).

The instant of greatest eclipse† occurs at 10:11:18 UT when the axis of the Moon's shadow passes closest to the center of Earth (gamma‡ = +0.384) where gamma is the minimum distance of the Moon's shadow axis from Earth's center in units of equatorial Earth radii). Totality reaches its maximum duration of 4 min 7 s, the Sun's altitude is 67°, the path width is 184 km and the umbra's velocity is 0.697 km/s. Continuing on a northeastern course, the umbra crosses central Libya and reaches the Mediterranean coast at 10:40 UT. Northwestern Egypt also lies within the umbral path where the central duration is 3 min 58 s (Figure 12).

Passing directly between Crete and Cyprus, the track reaches the southern coast of Turkey at 10:54 UT (Figures 5a and 13). With a population of nearly 3/4 million people, Antalya lies 50 km northwest of the central line. The coastal city's inhabitants are positioned for a total eclipse lasting 3 min 11 s, while observers on the central line receive an additional 35 s of totality. Konya is 25 km from path center and experiences a 3 min 36 s total phase beginning at 10:58 UT. Crossing mountainous regions of central Turkey, the Moon's shadow intersects the path of the 1999 Aug 11 total eclipse. A 1/4 of a million people in Sivas have the opportunity of witnessing a second total eclipse from their homes in less than five years.

At 11:10 UT, the shadow axis reaches the Black Sea along the northern coast of Turkey (Figure 14). The central duration is 3 min 30 s, the Sun's altitude is 47°, the path width is 165 km and the umbra's velocity is 0.996 km/s. Six minutes later, the umbra encounters the western shore of Georgia (Figure 15). Moving inland, the track crosses the Caucasus Mountains, which form the highest mountain chain of Europe. Georgia's capital, Tbilisi, is outside the path and experiences a magnitude 0.949 partial eclipse at 11:19 UT. As the shadow proceeds into Russia, it engulfs the northern end of the Caspian Sea and crosses into Kazakhstan (Figure 16). At 11:30 UT, the late afternoon Sun's altitude is 32°, the central line duration is 2 min 57 s and the umbral velocity is 1.508 km/s and increasing.

In the remaining 17 min, the shadow rapidly accelerates across central Asia while the duration dwindles (Figures 3 and 5b). It traverses northern Kazakhstan (Figures 16 and 17) and briefly re-enters Russia (Figures 18 and 19) before lifting off Earth's surface at sunset along Mongolia's northern border at 11:48 UT. Over the course of 3 h 12 min, the Moon's umbra travels along a path approximately 14,500 km long and covers 0.41% of Earth's surface area.

† The "instant of greatest eclipse" occurs when the distance between the Moon's shadow axis and Earth's geocenter reaches a minimum. Although the instant of greatest eclipse differs slightly from the instant of greatest magnitude and the instant of greatest duration (for total eclipses), the differences are usually quite small.

‡ Gamma is the minimum distance of the Moon's shadow axis from Earth's center in units of equatorial Earth radii.

1.3 Orthographic Projection Map of the Eclipse Path

Figure 1 is an orthographic projection map of Earth (adapted from Espenak 1987) showing the path of penumbral (partial) and umbral (total) eclipse. The daylight terminator is plotted for the instant of greatest eclipse with north at the top. The sub-Earth point is centered over the point of greatest eclipse and is indicated with an asterisk symbol. The subsolar point (Sun in zenith) at that instant is also shown.

The limits of the Moon's penumbral shadow define the

region of visibility of the partial eclipse. This saddle shaped region often covers more than half of Earth's daylight hemisphere and consists of several distinct zones or limits. At the northern and/or southern boundaries lie the limits of the penumbra's path. Partial eclipses have only one of these limits, as do central eclipses when the shadow axis falls no closer than about 0.45 radii from Earth's center. Great loops at the western and eastern extremes of the penumbra's path identify the areas where the eclipse begins and ends at sunrise and sunset, respectively. In the case of the 2006 eclipse, the penumbra has both a northern and southern limit so that the rising and setting curves form two separate, closed loops. Bisecting the "eclipse begins and ends at sunrise and sunset" loops is the curve of maximum eclipse at sunrise (western loop) and sunset (eastern loop). The exterior tangency points **P1** and **P4** mark the coordinates where the penumbral shadow first contacts (partial eclipse begins) and last contacts (partial eclipse ends) Earth's surface. The path of the umbral shadow bisects the penumbral path from west to east.

A curve of maximum eclipse is the locus of all points where the eclipse is at maximum at a given time. They are plotted at each half hour in Universal Time, and generally run from northern to southern penumbral limits, or from the maximum eclipse at sunrise or sunset curves to one of the limits. The outline of the umbral shadow is plotted every 10 min in Universal Time. Curves of constant eclipse magnitude† delineate the locus of all points where the magnitude at maximum eclipse is constant. These curves run exclusively between the curves of maximum eclipse at sunrise and sunset. Furthermore, they are quasi-parallel to the northern and southern penumbral limits and the umbral paths of central eclipses. Northern and southern limits of the penumbra may be thought of as curves of constant magnitude of 0.0, while the adjacent curves are for magnitudes of 0.2, 0.4, 0.6, and 0.8. The northern and southern limits of the path of total eclipse are curves of constant magnitude of 1.0.

At the top of Figure 1, the Universal Time of geocentric conjunction between the Moon and Sun is given followed by the instant of greatest eclipse. The eclipse magnitude is given for greatest eclipse. For central eclipses (both total and annular), it is equivalent to the geocentric ratio of diameters of the Moon and Sun. Gamma is the minimum distance of the Moon's shadow axis from Earth's center in units of equatorial Earth radii. The shadow axis passes south of Earth's geocenter for negative values of Gamma. Finally, the Saros series number of the eclipse is given along with its relative sequence in the series.

† Eclipse magnitude is defined as the fraction of the Sun's diameter occulted by the Moon. It is strictly a ratio of *diameters* and should not be confused with eclipse obscuration, which is a measure of the Sun's surface *area* occulted by the Moon. Eclipse magnitude may be expressed as either a percentage or a decimal fraction (e.g., 50% or 0.50).

1.4 Equidistant Conic Projection Map of the Eclipse Path

Figures 2 and 3 are maps using an equidistant conic projection chosen to minimize distortion, and which isolate the African and Asian portions of the umbral path. Curves of maximum eclipse and constant eclipse magnitude are plotted and labeled at intervals of 30 min and 0.2, respectively. A linear scale is included for estimating approximate distances (in kilometers). Within the northern and southern limits of the path of totality, the outline of the umbral shadow is plotted at intervals of 10 min. The duration of totality (minutes and seconds) and the Sun's altitude correspond to the local circumstances on the central line at each shadow position.

Figures 4 and 5 are maps using an oblique equidistant cylindrical projection and are centered on the eclipse track in Africa (Figures 4a and 4b) and Asia (Figures 5a and 5b). The positions of many cities within and near the path of totality are plotted along with the outline of the umbral shadow at 10 min intervals. Once again, the duration of totality, the Sun's altitude and time of central eclipse is shown. The size of each city is logarithmically proportional to its population using 1990 census data (Rand McNally 1991). The scale of these maps is approximately 1:11,100,000.

1.5 Detailed Maps of the Umbral Path

The path of totality is plotted on a series of detailed maps appearing in Figures 6–19. The maps were chosen to isolate small regions along the entire land portion of the eclipse path. Curves of maximum eclipse are plotted at 4 min intervals along the track and labeled with the central line duration of totality and the Sun's altitude. The maps are constructed from the Digital Chart of the World (DCW), a digital database of the world developed by the U.S. Defense Mapping Agency (DMA). The primary sources of information for the geographic database are the Operational Navigation Charts (ONC) and the Jet Navigation Charts (JNC) developed by the DMA.

The scale of the detailed maps varies from map to map depending partly on the population density and accessibility. The approximate scale of each map is as follows:

Figure 6	1:2,000,000
Figures 7–9	1:3,000,000
Figures 10–12	1:7,000,000
Figures 13–14	1:3,000,000
Figure 15	1:4,000,000
Figures 16–19	1:7,000,000

The scale of the maps is adequate for showing roads, villages, and cities, required for eclipse expedition planning. The DCW database used for the maps was assembled in the 1980s and contains names of places that are no longer used in some parts of Africa and Asia. Where possible, modern names have been substituted for those in the database, but this correction could not be applied to all sites.

While Tables 1–6 deal with eclipse elements and specific characteristics of the path, the northern and southern limits, as well as the central line of the path, are plotted using data from

Table 7. Although no corrections have been made for center of figure or lunar limb profile, they have little or no effect at this scale. Atmospheric refraction has not been included, as it plays a significant role only at very low solar altitudes. The primary effect of refraction is to shift the path opposite to that of the Sun's local azimuth. This amounts to approximately 0.5° at the extreme ends, i.e., sunrise and sunset, of the umbral path. In any case, refraction corrections to the path are uncertain because they depend on the atmospheric temperature-pressure profile, which cannot be predicted in advance. A special feature of the maps are the curves of constant umbral eclipse duration, i.e., totality, which are plotted within the path at 1 min increments. These curves permit fast determination of approximate durations without consulting any tables.

No distinction is made between major highways and second class soft-surface roads, so caution should be used in this regard. If observations from the graze zones are planned, then the zones of grazing eclipse must be plotted on higher scale maps using coordinates in Table 8. See Sect. 3.6 "Plotting The Path On Maps" for sources and more information. The paths also show the curves of maximum eclipse at 4 min increments in Universal Time. These maps are also available at the NASA Web site for the 2006 total solar eclipse: http://sunearth.gsfc.nasa.gov/eclipse/SEmono/TSE2006/TSE2006.html.

1.6 Elements, Shadow Contacts, and Eclipse Path Tables

The geocentric ephemeris for the Sun and Moon, various parameters, constants, and the besselian elements (polynomial form) are given in Table 1. The eclipse elements and predictions were derived from the DE200 and LE200 ephemerides (solar and lunar, respectively) developed jointly by the Jet Propulsion Laboratory and the U.S. Naval Observatory for use in the *Astronomical Almanac* beginning in 1984. Unless otherwise stated, all predictions are based on center of mass positions for the Moon and Sun with no corrections made for center of figure, lunar limb profile, or atmospheric refraction. The predictions depart from normal International Astronomical Union (IAU) convention through the use of a smaller constant for the mean lunar radius k for all umbral contacts (see Sect. 1.10 "Lunar Limb Profile"). Times are expressed in either Terrestrial Dynamical Time (TDT) or in Universal Time, where the best value of ΔT (the difference between Terrestrial Dynamical Time and Universal Time), available at the time of preparation, is used.

From the polynomial form of the Besselian elements, any element can be evaluated for any time t_1 (in decimal hours) via the equation

$$a = a_0 + a_1 t + a_2 t^2 + a_3 t^3 \quad (1)$$

(or $a = \sum [a_n t^n]$; $n = 0$ to 3),

where $a = x, y, d, l_1, l_2,$ or μ; and $t = t_1 - t_0$ (decimal hours) and $t_0 = 10.00$ TDT.

The polynomial besselian elements were derived from a least-squares fit to elements rigorously calculated at five separate times over a 6h period centered at t_0; thus, the equation and elements are valid over the period $7.0 \leq t_1 \leq 13.0$ TDT.

Table 2 lists all external and internal contacts of penumbral and umbral shadows with Earth. They include TDT and geodetic coordinates with and without corrections for ΔT. The contacts are defined:

P1—Instant of first external tangency of penumbral shadow cone with Earth's limb (partial eclipse begins).
P2—Instant of first internal tangency of penumbral shadow cone with Earth's limb.
P3—Instant of last internal tangency of penumbral shadow cone with Earth's limb.
P4—Instant of last external tangency of penumbral shadow cone with Earth's limb (partial eclipse ends).
U1—Instant of first external tangency of umbral shadow cone with Earth's limb (umbral eclipse begins).
U2—Instant of first internal tangency of umbral shadow cone with Earth's limb.
U3—Instant of last internal tangency of umbral shadow cone with Earth's limb.
U4—Instant of last external tangency of umbral shadow cone with Earth's limb (umbral eclipse ends).

Similarly, the northern and southern extremes of the penumbral and umbral paths, and extreme limits of the umbral central line are given. The IAU longitude convention is used throughout this publication (i.e., for longitude, east is positive and west is negative; for latitude, north is positive and south is negative).

The path of the umbral shadow is delineated at 5 min intervals (in Universal Time) in Table 3. Coordinates of the northern limit, the southern limit, and the central line are listed to the nearest tenth of an arc minute (~185 m at the Equator). The Sun's altitude, path width, and umbral duration are calculated for the central line position. Table 4 presents a physical ephemeris for the umbral shadow at 5 min intervals in Universal Time. The central line coordinates are followed by the topocentric ratio of the apparent diameters of the Moon and Sun, the eclipse obscuration (defined as the fraction of the Sun's surface area occulted by the Moon), and the Sun's altitude and azimuth at that instant. The central path width, the umbral shadow's major and minor axes, and its instantaneous velocity with respect to Earth's surface are included. Finally, the central line duration of the umbral phase is given.

Local circumstances for each central line position listed in Tables 3 and 4 are presented in Table 5. The first three columns give the Universal Time of maximum eclipse, the central line duration of totality, and the altitude of the Sun at that instant. The following columns list each of the four eclipse contact times followed by their related contact position angles and the corresponding altitude of the Sun. The four contacts identify significant stages in the progress of the eclipse. They are defined as follows:

First Contact: Instant of first external tangency between the Moon and Sun (partial eclipse begins).
Second Contact: Instant of first internal tangency between the Moon and Sun (central or umbral eclipse begins; total or annular eclipse begins).

Third Contact: Instant of last internal tangency between the Moon and Sun (central or umbral eclipse ends; total or annular eclipse ends).

Fourth Contact: Instant of last external tangency between the Moon and Sun (partial eclipse ends)

The position angles P and V (where P is defined as the contact angle measured counterclockwise from the *north* point of the Sun's disk and V is defined as the contact angle measured counterclockwise from the *zenith* point of the Sun's disk) identify the point along the Sun's disk where each contact occurs. Second and third contact altitudes are omitted because they are always within 1° of the altitude at maximum eclipse.

Table 6 presents topocentric values from the central path at maximum eclipse for the Moon's horizontal parallax, semidiameter, relative angular velocity with respect to the Sun, and libration in longitude. The altitude and azimuth of the Sun are given along with the azimuth of the umbral path. The northern limit position angle identifies the point on the lunar disk defining the umbral path's northern limit. It is measured counterclockwise from the north point of the Moon. In addition, corrections to the path limits due to the lunar limb profile are listed (minutes of arc in latitude). The irregular profile of the Moon results in a zone of "grazing eclipse" at each limit that is delineated by interior and exterior contacts of lunar features with the Sun's limb. This geometry is described in greater detail in the Sect. 1.11 "Limb Corrections To The Path Limits: Graze Zones." Corrections to central line durations due to the lunar limb profile are also included. When added to the durations in Tables 3, 4, 5, and 7, a slightly longer central total phase is predicted along most of the path because of the high topography along the Moon's northeastern limb.

To aid and assist in the plotting of the umbral path on large scale maps, the path coordinates are also tabulated at 1° intervals in longitude in Table 7. The latitude of the northern limit, southern limit, and central line for each longitude is tabulated to the nearest hundredth of an arc minute (~18.5 m at the Equator) along with the Universal Time of maximum eclipse at each position. Finally, local circumstances on the central line at maximum eclipse are listed and include the Sun's altitude and azimuth, the umbral path width, and the central duration of totality.

In applications where the zones of grazing eclipse are needed in greater detail, Table 8 lists these coordinates over land-based portions of the path at 1° intervals in longitude. The time of maximum eclipse is given at both northern and southern limits, as well as the path's azimuth. The elevation and scale factors are also given (see Sect. 1.11 "Limb Corrections to the Path Limits: Graze Zones"). Expanded versions of Tables 7 and 8 using longitude steps of 7.5' are available at the NASA 2006 Total Solar Eclipse Web site: http://sunearth.gsfc.nasa.gov/eclipse/SEmono/TSE2006/TSE2006.html.

1.7 Local Circumstances Tables

Local circumstances for approximately 350 cities; metropolitan areas; and places in Brazil, Africa, Europe, and Asia are presented in Tables 9–19. The tables give the local circumstances at each contact and at maximum eclipse for every location. (For partial eclipses, maximum eclipse is the instant when the greatest fraction of the Sun's diameter is occulted. For total eclipses, maximum eclipse is the instant of mid-totality.) The coordinates are listed along with the location's elevation (in meters) above sea level, if known. If the elevation is unknown (i.e., not in the database), then the local circumstances for that location are calculated at sea level. The elevation does not play a significant role in the predictions unless the location is near the umbral path limits or the Sun's altitude is relatively small (<10°).

The Universal Time of each contact is given to a tenth of a second, along with position angles P and V and the altitude of the Sun. The position angles identify the point along the Sun's disk where each contact occurs and are measured counterclockwise (i.e., eastward) from the north and zenith points, respectively. Locations outside the umbral path miss the umbral eclipse and only witness first and fourth contacts. The Universal Time of maximum eclipse (either partial or total) is listed to a tenth of a second. Next, the position angles P and V of the Moon's disk with respect to the Sun are given, followed by the altitude and azimuth of the Sun at maximum eclipse. Finally, the corresponding eclipse magnitude and obscuration are listed. For umbral eclipses (both annular and total), the eclipse magnitude is identical to the topocentric ratio of the Moon's and Sun's apparent diameters.

Two additional columns are included if the location lies within the path of the Moon's umbral shadow. The "umbral depth" is a relative measure of a location's position with respect to the central line and path limits. It is a unitless parameter which is defined as

$$u = 1 - (2\,x/W), \quad (2)$$

where:

u is the umbral depth,

x is the perpendicular distance from the central line in kilometers, and

W is the width of the path in kilometers.

The umbral depth for a location varies from 0.0–1.0. A position at the path limits corresponds to a value of 0.0, while a position on the central line has a value of 1.0. The parameter can be used to quickly determine the corresponding central line duration; thus, it is a useful tool for evaluating the trade-off in duration of a location's position relative to the central line. Using the location's duration and umbral depth, the central line duration is calculated as

$$D = d/[1 - (1-u)^2]^{1/2}, \quad (3)$$

where:

D is the duration of totality on the central line (in seconds),

d is the duration of totality at location (in seconds), and

u is the umbral depth.

The final column gives the duration of totality. The effects of refraction have not been included in these calculations, nor have there been any corrections for center of figure or the lunar limb profile.

Locations were chosen based on general geographic distribution, population, and proximity to the path. The primary source for geographic coordinates is *The New International Atlas* (Rand McNally 1991). Elevations for major cities were taken from *Climates of the World* (U.S. Dept. of Commerce 1972). In this rapidly changing political world, it is often difficult to ascertain the correct name or spelling for a given location; therefore, the information presented here is for location purposes only and is not meant to be authoritative. Furthermore, it does not imply recognition of status of any location by the United States Government. Corrections to names, spellings, coordinates, and elevations should be forwarded to the authors in order to update the geographic database for future eclipse predictions.

For countries in the path of totality, expanded versions of the local circumstances tables listing additional locations are available via the NASA Web site for the 2006 total solar eclipse: http://sunearth.gsfc.nasa.gov/eclipse/SEmono/TSE2006/TSE2006.html.

1.8 Estimating Times of Second and Third Contacts

The times of second and third contact for any location not listed in this publication can be estimated using the detailed maps (Figures 6–19). Alternatively, the contact times can be estimated from maps on which the umbral path has been plotted. Table 7 lists the path coordinates conveniently arranged in 1° increments of longitude to assist plotting by hand. The path coordinates in Table 3 define a line of maximum eclipse at 5 min increments in time. These lines of maximum eclipse each represent the projection diameter of the umbral shadow at the given time; thus, any point on one of these lines will witness maximum eclipse (i.e., mid-totality) at the same instant. The coordinates in Table 3 should be plotted on the map in order to construct lines of maximum eclipse.

The estimation of contact times for any one point begins with an interpolation for the time of maximum eclipse at that location. The time of maximum eclipse is proportional to a point's distance between two adjacent lines of maximum eclipse, measured along a line parallel to the central line. This relationship is valid along most of the path with the exception of the extreme ends, where the shadow experiences its largest acceleration. The central line duration of totality D and the path width W are similarly interpolated from the values of the adjacent lines of maximum eclipse as listed in Table 3. Because the location of interest probably does not lie on the central line, it is useful to have an expression for calculating the duration of totality d (in seconds) as a function of its perpendicular distance a from the central line:

$$d = D(1 - [2a/W]^2)^{1/2}, \quad (4)$$

where:
- d is the duration of totality at location (in seconds),
- D is the duration of totality on the central line (in seconds),
- a is the perpendicular distance from the central line (in kilometers), and
- W is the width of the path (kilometers).

If t_m is the interpolated time of maximum eclipse for the location, then the approximate times of second and third contacts (t_2 and t_3, respectively) follow:

Second Contact: $\quad t_2 = t_m - d/2;$ (5)
Third Contact: $\quad t_3 = t_m + d/2.$ (6)

The position angles of second and third contact (either **P** or **V**) for any location off the central line are also useful in some applications. First, linearly interpolate the central line position angles of second and third contacts from the values of the adjacent lines of maximum eclipse as listed in Table 5. If X_2 and X_3 are the interpolated central line position angles of second and third contacts, then the position angles x_2 and x_3 of those contacts for an observer located a kilometers from the central line are

Second Contact: $\quad x_2 = X_2 - \arcsin(2a/W),$ (7)
Third Contact: $\quad x_3 = X_3 + \arcsin(2a/W),$ (8)

where:
- x_n is the interpolated position angle (either **P** or **V**) of contact n at location,
- X_n is the interpolated position angle (either **P** or **V**) of contact n on central line,
- a is the perpendicular distance from the central line in kilometers (use negative values for locations south of the central line), and
- W is the width of the path in kilometers.

1.9 Mean Lunar Radius

A fundamental parameter used in eclipse predictions is the Moon's radius k, expressed in units of Earth's equatorial radius. The Moon's actual radius varies as a function of position angle and libration because of the irregularity in the limb profile. From 1968–1980, the Nautical Almanac Office used two separate values for k in their predictions. The larger value ($k = 0.2724880$), representing a mean over topographic features, was used for all penumbral (exterior) contacts and for annular eclipses. A smaller value ($k = 0.272281$), representing a mean minimum radius, was reserved exclusively for umbral (interior) contact calculations of total eclipses (*Explanatory Supplement* 1974). Unfortunately, the use of two different values of k for umbral eclipses introduces a discontinuity in the case of hybrid or annular-total eclipses.

In August 1982, the IAU General Assembly adopted a value of $k = 0.2725076$ for the mean lunar radius. This value is now used by the Nautical Almanac Office for all solar eclipse predictions (Fiala and Lukac 1983) and is currently the best mean radius, averaging mountain peaks and low valleys along the Moon's rugged limb. The adoption of one single value for k eliminates the discontinuity in the case of annular-total eclipses and ends confusion arising from the use of two different values; however, the use of even the best 'mean' value for the Moon's radius introduces a problem in predicting the true character and duration of umbral eclipses, particularly total eclipses.

A total eclipse can be defined as an eclipse in which the Sun's disk is completely occulted by the Moon. This cannot occur so long as any photospheric rays are visible through deep valleys along the Moon's limb (Meeus et al. 1966). The use of the IAU's mean k, however, guarantees that some annular or hybrid (i.e., annular-total) eclipses will be misidentified as total. A case in point is the eclipse of 1986 October 03. Using the IAU value for k, the *Astronomical Almanac* identified this event as a total eclipse of 3 s duration when it was, in fact, a beaded annular eclipse. Because a smaller value of k is more representative of the deeper lunar valleys and hence, the minimum solid disk radius, it helps ensure the correct identification of an eclipse's true nature.

Of primary interest to most observers are the times when an umbral eclipse begins and ends (second and third contacts, respectively) and the duration of the umbral phase. When the IAU's value for k is used to calculate these times, they must be corrected to accommodate low valleys (total) or high mountains (annular) along the Moon's limb. The calculation of these corrections is not trivial but is necessary, especially if one plans to observe near the path limits (Herald 1983). For observers near the central line of a total eclipse, the limb corrections can be more closely approximated by using a smaller value of k which accounts for the valleys along the profile.

This publication uses the IAU's accepted value of $k=0.2725076$ for all penumbral (exterior) contacts. In order to avoid eclipse type misidentification and to predict central durations which are closer to the actual durations at total eclipses, this document departs from standard convention by adopting the smaller value of $k=0.272281$ for all umbral (interior) contacts. This is consistent with predictions in *Fifty Year Canon of Solar Eclipses: 1986–2035* (Espenak 1987). Consequently, the smaller k produces shorter umbral durations and narrower paths for total eclipses when compared with calculations using the IAU value for k. Similarly, predictions using a smaller k result in longer umbral durations and wider paths for annular eclipses than do predictions using the IAU's k.

1.10 Lunar Limb Profile

Eclipse contact times, magnitude, and duration of totality all depend on the angular diameters and relative velocities of the Moon and Sun. Unfortunately, these calculations are limited in accuracy by the departure of the Moon's limb from a perfectly circular figure. The Moon's surface exhibits a dramatic topography, which manifests itself as an irregular limb when seen in profile. Most eclipse calculations assume some mean radius that averages high mountain peaks and low valleys along the Moon's rugged limb. Such an approximation is acceptable for many applications, but when higher accuracy is needed the Moon's actual limb profile must be considered. Fortunately, an extensive body of knowledge exists on this subject in the form of Watts' limb charts (Watts 1963). These data are the product of a photographic survey of the marginal zone of the Moon and give limb profile heights with respect to an adopted smooth reference surface (or datum).

Analyses of lunar occultations of stars by Van Flandern (1970) and Morrison (1979) have shown that the average cross section of Watts' datum is slightly elliptical rather than circular. Furthermore, the implicit center of the datum (i.e., the center of figure) is displaced from the Moon's center of mass.

In a follow-up analysis of 66,000 occultations, Morrison and Appleby (1981) found that the radius of the datum appears to vary with libration. These variations produce systematic errors in Watts' original limb profile heights that attain 0.4 arc-sec at some position angles, thus, corrections to Watts' limb data are necessary to ensure that the reference datum is a sphere with its center at the center of mass.

The Watts charts were digitized by Her Majesty's Nautical Almanac Office in Herstmonceux, England, and transformed to grid-profile format at the U.S. Naval Observatory. In this computer readable form, the Watts limb charts lend themselves to the generation of limb profiles for any lunar libration. Ellipticity and libration corrections may be applied to refer the profile to the Moon's center of mass. Such a profile can then be used to correct eclipse predictions, which have been generated using a mean lunar limb.

Along the path, the Moon's topocentric libration (physical plus optical) in longitude ranges from $l=+3.0°$ to $l=+1.4°$; thus, a limb profile with the appropriate libration is required in any detailed analysis of contact times, central durations, etc. A profile with an intermediate value, however, is useful for planning purposes and may even be adequate for most applications. The lunar limb profile presented in Figure 20 includes corrections for center of mass and ellipticity (Morrison and Appleby 1981). It is generated for 10:30 UT, which corresponds to central Libya, south of Jalu. The Moon's topocentric libration is $l=+2.07°$, and the topocentric semi-diameters of the Sun and Moon are 961.2 and 1010.3 arc-sec, respectively. The Moon's angular velocity with respect to the Sun is 0.404 arc-sec/s.

The radial scale of the limb profile in Figure 20 (at bottom) is greatly exaggerated so that the true limb's departure from the mean lunar limb is readily apparent. The mean limb with respect to the center of figure of Watts' original data is shown (dashed curve) along with the mean limb with respect to the center of mass (solid curve). Note that all the predictions presented in this publication are calculated with respect to the latter limb unless otherwise noted. Position angles of various lunar features can be read using the protractor marks along the Moon's mean limb (center of mass). The position angles of second and third contact are clearly marked along with the north pole of the Moon's axis of rotation and the observer's zenith at mid-totality. The dashed line with arrows at either end identifies the contact points on the limb corresponding to the northern and southern limits of the path. To the upper left of the profile, are the Sun's topocentric coordinates at maximum eclipse. They include the right ascension (*R.A.*), declination (*Dec.*), semi-diameter (*S.D.*), and horizontal parallax (*H.P.*) The corresponding topocentric coordinates for the Moon are to the upper right. Below and left of the profile are the geographic coordinates of the central line at 10:30 UT, while the times of the four eclipse contacts at that location appear to the lower right. The limb-corrected times of second and third contacts are listed with the applied correction to the center on mass prediction.

Directly below the limb profile are the local circumstances at maximum eclipse. They include the Sun's altitude and azimuth, the path width, and central duration. The position angle of the path's northern to southern limit axis is *PA(N.Limit)* and the angular velocity of the Moon with respect to the Sun is *A.Vel.(M:S)*. At the bottom left are a number of parameters used in the predictions, and the topocentric lunar librations appear at the lower right.

In investigations where accurate contact times are needed, the lunar limb profile can be used to correct the nominal or mean limb predictions. For any given position angle, there will be a high mountain (annular eclipses) or a low valley (total eclipses) in the vicinity that ultimately determines the true instant of contact. The difference, in time, between the Sun's position when tangent to the contact point on the mean limb and tangent to the highest mountain (annular) or lowest valley (total) at actual contact is the desired correction to the predicted contact time. On the exaggerated radial scale of Figure 20, the Sun's limb can be represented as an epicyclic curve that is tangent to the mean lunar limb at the point of contact and departs from the limb by h through

$$h = S(m-1)(1-\cos[C]) \quad (9)$$

where:

h is the departure of Sun's limb from mean lunar limb,
S is the Sun's semi-diameter,
m is the eclipse magnitude, and
C is the angle from the point of contact.

Herald (1983) takes advantage of this geometry in developing a graphic procedure for estimating correction times over a range of position angles. Briefly, a displacement curve of the Sun's limb is constructed on a transparent overlay by way of equation (9). For a given position angle, the solar limb overlay is moved radially from the mean lunar limb contact point until it is tangent to the lowest lunar profile feature in the vicinity. The solar limb's distance **d** (arc seconds) from the mean lunar limb is then converted to a time correction Δ by

$$\Delta = dv \cos[X - C], \quad (10)$$

where:

Δ is the correction to contact time (in seconds),
d is the distance of Solar limb from Moon's mean limb (in arc seconds),
v is the angular velocity of the Moon with respect to the Sun (arc seconds per second),
X is the central line position angle of the contact, and
C is the angle from the point of contact.

This operation may be used for predicting the formation and location of Baily's beads. When calculations are performed over a large range of position angles, a contact time correction curve can then be constructed.

Because the limb profile data are available in digital form, an analytical solution to the problem is possible that is quite straightforward and robust. Curves of corrections to the times of second and third contact for most position angles have been computer generated and are plotted in Figure 20. The circular protractor scale at the center represents the nominal contact time using a mean lunar limb. The departure of the contact correction curves from this scale graphically illustrates the time correction to the mean predictions for any position angle as a result of the Moon's true limb profile. Time corrections external to the circular scale are added to the mean contact time; time corrections internal to the protractor are subtracted from the mean contact time. The magnitude of the time correction at a given position angle is measured using any of the four radial scales plotted at each cardinal point. For example, Table 11 gives the following data for Jalu, Libya:

Second Contact = 10:28:29.3 UT $P_2 = 8°$, and
Third Contact = 10:31:43.4 UT $P_3 = 262°$.

Using Figure 20, the measured time corrections and the resulting contact times are

$C_2 = -0.5$ s;
    Second Contact = 10:28:29.3 −0.5 s = 0:28:28.8 UT, and

$C_3 = -5.1$ s;
    Third Contact = 10:31:43.4 −5.1 s = 10:31:38.3 UT.

The above corrected values are within 0.2 s of a rigorous calculation using the true limb profile. Note the 5 s correction to third contact due to a deep lunar valley along the western limb.

1.11 Limb Corrections to the Path Limits: Graze Zones

The northern and southern umbral limits provided in this publication were derived using the Moon's center of mass and a mean lunar radius. They have not been corrected for the Moon's center of figure or the effects of the lunar limb profile. In applications where precise limits are required, Watts' limb data must be used to correct the nominal or mean path. Unfortunately, a single correction at each limit is not possible because the Moon's libration in longitude and the contact points of the limits along the Moon's limb each vary as a function of time and position along the umbral path. This makes it necessary to calculate a unique correction to the limits at each point along the path. Furthermore, the northern and southern limits of the umbral path are actually paralleled by a relatively narrow zone where the eclipse is neither penumbral nor umbral. An observer positioned here will witness a slender solar crescent that is fragmented into a series of bright beads and short segments whose morphology changes quickly with the rapidly varying geometry between the limbs of the Moon and the Sun. These beading phenomena are caused by the appearance of photospheric rays that alternately pass through deep lunar valleys and hide behind high mountain peaks, as the Moon's irregular limb grazes the edge of the Sun's disk.

The geometry is directly analogous to the case of grazing occultations of stars by the Moon. The graze zone is typically 5–10 km wide and its interior and exterior boundaries can be predicted using the lunar limb profile. The interior boundaries define the actual limits of the umbral eclipse (both total and annular) while the exterior boundaries set the outer limits of the grazing eclipse zone.

Table 6 provides topocentric data and corrections to the path limits due to the true lunar limb profile. At 5 min intervals, the table lists the Moon's topocentric horizontal parallax, semi-diameter, relative angular velocity with respect to the Sun and lunar libration in longitude. The Sun's central line altitude and azimuth is given, followed by the azimuth of the umbral path. The position angle of the point on the Moon's limb, which defines the northern limit of the path, is measured counterclockwise (i.e., eastward) from the north point on the limb. The path corrections to the northern and southern limits are listed as interior and exterior components in order to define the graze zone. Positive corrections are in the northern sense, while negative shifts are in the southern sense. These corrections (minutes of arc in latitude) may be added directly to the path coordinates listed in Table 3. Corrections to the central line umbral durations due to the lunar limb profile are also included and they are almost all positive; thus, when added to the central durations given in Tables 3, 4, 5, and 7, a slightly longer central total phase is predicted. This effect is caused by a significant departure of the Moon's eastern limb from both the center of figure and center of mass limbs for the predicted libration during the 2006 eclipse.

Detailed coordinates for the zones of grazing eclipse at each limit for all land based sections of the path are presented in Table 8. Given the uncertainties in the Watts data, these predictions should be accurate to ±0.3 arc-seconds. The interior graze coordinates take into account the deepest valleys along the Moon's limb, which produce the simultaneous second and third contacts at the path limits; thus, the interior coordinates that define the true edge of the path of totality. They are calculated from an algorithm which searches the path limits for the extreme positions where no photospheric beads are visible along a ±30° segment of the Moon's limb, symmetric about the extreme contact points at the instant of maximum eclipse. The exterior graze coordinates are arbitrarily defined and calculated for the geodetic positions where an unbroken photospheric crescent of 60° in angular extent is visible at maximum eclipse.

In Table 8, the graze zone latitudes are listed every 1° in longitude (at sea level) and include the time of maximum eclipse at the northern and southern limits, as well as the path's azimuth. To correct the path for locations above sea level, *Elev Fact* (elevation factor) is a multiplicative factor by which the path must be shifted north or south perpendicular to itself, i.e., perpendicular to path azimuth, for each unit of elevation (height) above sea level. The elevation factor is the product, $\tan(90-A) \times \sin(D)$, where A is the altitude of the Sun, and D is the difference between the azimuth of the Sun and the azimuth of the limit line, with the sign selected to be positive if the path should be shifted north with positive elevations above sea level.

To calculate the shift, a location's elevation is multiplied by the elevation factor value. Negative values (usually the case for eclipses in the Northern Hemisphere) indicate that the path must be shifted south. For instance, if one's elevation is 1000 m above sea level and the elevation factor value is −0.50, then the shift is −500 m (= 1000 m × −0.50); thus, the observer must shift the path coordinates 500 m in a direction perpendicular to the path and in a negative or southerly sense.

The final column of Table 8 lists the *Scale Fact* (in kilometers per arc second). This scaling factor provides an indication of the width of the zone of grazing phenomena, because of the topocentric distance of the Moon and the projection geometry of the Moon's shadow on Earth's surface. Because the solar chromosphere has an apparent thickness of about 3 arcsec, and assuming a scaling factor value of 2 km/arcsec, then the chromosphere should be visible continuously during totality for any observer in the path who is within 6 km (=2 × 3) of each interior limit. The most dynamic beading phenomena, however, occurs within 1.5 arcsec of the Moon's limb. Using the above scaling factor, this translates into the first 3 km inside the interior limits, but observers should position themselves at least 1 km inside the interior limits (south of the northern interior limit or north of the southern interior limit) in order to ensure that they are inside the path because of small uncertainties in Watts' data and the actual path limits.

For applications where the zones of grazing eclipse are needed at a higher frequency of longitude interval, tables of coordinates every 7.5' in longitude are available via the NASA Web site for the 2006 total solar eclipse: http://sunearth.gsfc.nasa.gov/eclipse/SEmono/TSE2006/TSE2006.html.

1.12 Saros History

The periodicity and recurrence of solar (and lunar) eclipses is governed by the Saros cycle, a period of approximately 6,585.3 d (18 yr 11 d 8 h). When two eclipses are separated by a period of one Saros, they share a very similar geometry. The eclipses occur at the same node with the Moon at nearly the same distance from Earth and at the same time of year, thus, the Saros is useful for organizing eclipses into families or series. Each series typically lasts 12–13 centuries and contains 70 or more eclipses.

The total eclipse of 2006 is the 29th member of Saros series 139 (Table 20), as defined by van den Bergh (1955). All eclipses in the series occur at the Moon's ascending node and the Moon moves southward with each member in the family, i.e., gamma decreases and takes on negative values south of the Earth's center. Saros 139 is a middle-aged series which began with a small partial eclipse at high northern latitudes on 1501 May 17. After seven partial eclipses each of increasing magnitude, the first umbral eclipse occurred on 1627 August 11. This event was of the unique hybrid or annular-total class of eclipses. The nature of such an eclipse changes from total to annular or vise versa along different portions of the track. The dual nature arises from the curvature of Earth's surface, which brings the middle part of the path into the umbra (total eclipse) while other, more distant segments remain within the antumbral shadow (annular eclipse).

Such hybrid eclipses are rather rare and account for only 5.2% of the 14,283 solar eclipses occurring during the six millennia period from −1999 to +4000 (2000 B.C. to A.D. 4000). Quite remarkably, the first dozen central eclipses of Saros 139 were all hybrid with the duration of totality steadily increasing during each successive event. The first purely total eclipse of the series occurred on 1843 December 21 and had a maximum duration of 1 min 43 s.

Throughout the 19th and 20th centuries, Saros 139 continued to produce total eclipses with increasing durations. The last two members of the series were in 1970 and 1988. The 1970 March 07 eclipse lasted 3.5 min and was widely visible from Mexico, the eastern seaboard of the United States, and maritime Canada. The track of the 1988 Mar 18 eclipse began in the Indian Ocean, extended across the islands of Sumatra, Kalimantan (Borneo), and Mindanao (Philippines), and ended in the Pacific Ocean.

Saros 139 will continue its current trend of producing total eclipses of increasing duration over the course of the next two centuries. The trend culminates with the 39th member of the series on 2186 July 16. This remarkable eclipse will produce a total phase lasting as much as 7 min 29 s. This is very close to a total eclipse's theoretical maximum duration of 7 min 32 s (Lewis 1931 and Meeus 2003). In fact, calculations show that the 2186 eclipse has the longest duration of any total eclipse during the eight millennia period from −2999 to +5000 (3000 B.C. to A.D. 5000). Unfortunately, the Moon's shadow will lie in the Atlantic Ocean 900 km north of Brazil at the instant of greatest eclipse. Nevertheless, the duration will exceed 7 min on the central line as the path crosses Colombia and Venezuela.

Long total eclipses from the series will occur throughout the 23rd century with gradually decreasing durations. By the eclipse of 2294 September 20, the duration will slip below 5 min. Over the succeeding centuries, the duration of totality steadily dwindles. The last central eclipse occurs on 2601 March 26 and has a duration of just 36 s. The final nine eclipses are all partial events visible from the Southern Hemisphere. Saros series 139 ends with the partial eclipse of 2763 July 03.

In summary, Saros series 139 includes 71 eclipses. It begins with 7 partials, followed by 12 hybrids, then 43 totals, and finally ends with 9 more partials. From start to finish, the series spans a period of 1262 years.

2. WEATHER PROSPECTS FOR THE ECLIPSE

2.1 Overview

The eclipse path begins in the tropical climate of northeastern Brazil, south of the Intertropical Convergence Zone (ITCZ) where the southeast trade winds bring a generous humidity onto the land (Figure 21). The ITCZ is a cloudy, unstable and wet region where winds from the Southern and Northern Hemispheres converge, forming the Earth's "weather equator." Leaving Brazil, the shadow path curves slowly northward across the Atlantic and then turns more sharply as it reaches the African coast, crossing to the north side of the ITCZ in northern Nigeria and into a sharply drier climate controlled by winds from the Sahara Desert. Maximum eclipse is attained over the desert before the path moves across the Mediterranean coast and into the influence of the mobile highs and lows of the middle latitudes.

Leaving Turkey, the shadow moves gradually back into winter as it crosses the Black Sea and Georgia and then heads into Kazakhstan. The Siberian anticyclone, which is a large and semi-permanent high-pressure system, traps winter over the middle of Asia well past March and temperatures fall steadily as the track moves through Kazakhstan. The eclipse comes to its sunset termination in the center of the Siberian anticyclone in Mongolia where the cold temperatures bring a frequency of sunny skies that rivals those in southern Turkey.

Cloudiness varies in concert with the diverse weather zones. Along the ITCZ, skies have a high frequency of heavy cloudiness as the wind flow from the two hemispheres converges and forces the tropical air to rise, a surefire recipe for cloud and rain. In late March, the Sun has crossed the equator on its annual trip northward, and the additional heating of the atmosphere brought on by the overhead Sun brings the spring rainy season to equatorial latitudes.

Cloudy conditions are especially prevalent over the African coast in Ghana where moist southerly winds blow onto land with a rising terrain. The air is forced to rise by the landscape, further magnifying the cloudy impact of the ITCZ. Most of the cloud is convective in nature—showers and thundershowers—which usually means that there is sunnier weather nearby and the frequency of completely overcast skies is relatively low (Table 21).

Over northern Nigeria, the winds flowing into the ITCZ originate over the Sahara Desert and have no moisture to contribute to cloud building. There is an abrupt change to a sunny climate in this area, but the winds are laden with desert dust and sand, which puts a reddish haze into the sky. Fortunately, the impact of the dust-laden skies on the eclipse is likely to be one of muting its visibility rather than hiding it completely. Eclipse maximum is reached over the Sahara, just inside Libya, where the frequency of sunny skies is the highest in the world.

Pressing northward, the shadow crosses the Mediterranean coast and enters the mid-latitudes, where weather comes from a never-ending procession of high and low pressure systems—the signature of springtime in the Northern Hemisphere. During March and April, low-pressure systems form preferentially on the east side of the Atlas Mountains in Algeria and travel eastward along the coast of North Africa—either just inland or a short distance offshore. These lows are poor rainfall producers but make the season a windy one along the coast, with occasional dust storms, some of epic proportions that have given rise to adventure stories and legends. The weather that accompanies these lows is more variable than elsewhere along the African part of the track: hot, dry, and dusty southerlies as the lows approach, cool and cloudy northerlies as they depart, and a certain amount of misbehavior while they are nearby, mostly from cold fronts and occasional thunderstorms.

On the north side of the Mediterranean, Turkey and Greece have their own set of Mediterranean lows in spring. The Ionic Sea southwest of the Greek mainland tends to be a holding zone for lows that come from the west and northwest. After regrouping in this area, the lows continue their journey into Asia, heading either northeastward into the Black Sea or eastward to Cyprus and beyond. Both tracks will plague the eclipse path, either along the Black Sea coasts, or near Antalya in southern Turkey. European lows also have influence in the area, especially the farther north one goes along the eclipse path, and so there is a steady increase in cloudiness from Mediterranean Turkey to Georgia's Black Sea coast. The cloud cover is encouraged by the rough terrain throughout this region, which causes airmasses to rise and condense.

The high levels of cloudiness continue through the Russian Caucasus and western Kazakhstan, but once over the Ural Mountains and onto the steppes of central Asia, the Moon's shadow begins to encounter the sunnier skies and colder temperatures brought by the Siberian anticyclone. At its terminus, daily temperatures are cold enough to present some discomfort to the observer who might otherwise be rewarded with pristine skies and a glorious sunset.

2.2 Brazil

In March and April, the ITCZ is at its most southerly position over Brazil (Figure 21), and thus, about as close as it can get to the eclipse path. A steady trade wind circulation blows from the southeast onto the land, which rises rather sharply into a tumble of hills and valleys around the cities of Recife and Natal. The coastline is bathed with a sultry airmass carried onshore by the light southeast winds from the warm Brazilian Current offshore. The immediate coastline is subject to daily sea breezes that reinforce the prevailing trade winds, but wind speeds usually drop to only a few kilometers per hour after penetrating a short distance inland. Winds above the surface also tend to blow from the east and so eclipse observers should keep an eye on the sunrise direction for incoming cloud and cloud-free holes, rather than the opposite hemisphere as is the case at higher latitudes.

Temperature and humidity are high in the Brazilian tropics and fog is a regular morning visitor. It is most common at sunrise, but the actual frequency varies considerably from place to place along the coast. At Natal, fog is reported at 6 AM on only 1 day in 30 during March, but at Recife, the frequency is more than 1 day in 6 (Table 21). Similar variations can be found all along the Atlantic coast and eclipse sites should be selected with advice from local experts. Inland locations do not seem to offer any advantage over those on the coast, but fog will tend to collect in valleys and at lower elevations, at least until the Sun begins to burn it off.

Eclipse sites can be chosen at higher elevations away from its influence, keeping in mind that the rising Sun will tend to lift the fog off the ground and blow it westward as a low cloud cover. Rising terrain that faces eastward into the prevailing wind will form low clouds much more readily than that with a downslope wind, and so eclipse sites on eastward facing slopes should be avoided. Unfortunately, adjusting sites according to the winds is not very helpful advice, as winds are calm at 6 AM at Natal on over 50% of mornings in March.

Coastal Brazil is in the early stages of the summer rainy season in March with a corresponding paucity of sunshine. Recife's climatology records an average of 54% of the maximum possible sunshine for the month (Table 21). While the "percent of possible sunshine" is the best measure of the probability of seeing the eclipse, cloud cover is slightly heavier in the morning than in the afternoon and so the sunshine percentage, which applies to the whole day, is probably slightly too generous a predictor for the eclipse hour. A simple calculation of the probability of seeing the eclipse based on cloud cover statistics is more pessimistic at 39%, but this statistic is strongly biased toward greater cloud amounts and should be used only to compare one station with another in the absence of sunshine data.

No single location stands out as the most favorable eclipse site in Brazil. The best chances will likely go to a seaside location at a site that is known to be relatively free of fog, either historically, or at least for the eclipse morning. Onshore breezes, if any, will tend to push the cloud inland a short distance and the flat Atlantic horizon will present a convenient view to the low eclipsed Sun. The coastal highway from Natal to Joao Pessoa will allow movement across the eclipse track to a sunnier location if the initial choice of site proves to be unfavorable.

2.3 Coastal Africa

West Africa—Côte d'Ivoire, Ghana, Benin, Togo, and Nigeria—are in the early stages of the spring rainy season in March. The ITCZ is moving northward and becoming more active as the northward-moving Sun brings warmer temperatures to the land. The climatological position of the ITCZ lies along the northern borders of Ghana, Benin and Togo, and across the northern third of Nigeria (Figure 21), but it is a mobile feature and oscillates back and forth from week to week. In any given year, there will be modest differences in the position and activity along the ITCZ, depending on the character of the season.

The rainy season begins in March in Abidan (Côte d'Ivoire) and Cotonou (Benin) with a sharp increase in monthly rainfall and a corresponding rise in cloudiness. Both of these cities lie along the coast where they come under the early influence of the southeast winds blowing toward the ITCZ. Farther north, the onset of the rainy season is delayed until the ITCZ has passed to the north and the moist southwesterlies from the Atlantic reach the region. At Natitingou in the northern part of Benin, the rain does not arrive in force until April, although there is an increase in rainfall in March as the ITCZ approaches. Alas, the clouds arrives before the rainfall, and Natitingou has relatively poor viewing prospects for eclipse day with over 89% of observations reporting broken cloudiness on March mornings.

Accra has a noteworthy microclimate that gives less

rainfall to the city and surrounding plains than other locations along the coast, but the drier weather does not seem to be accompanied by a matching increase in sunshine. Both the "percent of possible sunshine" and "probability of seeing the eclipse" values in Table 21 are similar to measurements at other coastal cities such as Lomé and Abidjan. North of Accra, the coastal plateau gives way to a rising landscape. It can logically be assumed that cloud cover will increase there as the prevailing winds are forced to rise, though there is scant evidence of this in the climatological record. Examination of Table 21 will show that the cloud conditions along the eclipse path and south of the ITCZ in this part of Africa are pretty uniform. The percentage of possible sunshine ranges from 55–65 percent, and the "probability of seeing the eclipse" (which can be thought of as a summary of the cloud statistics) ranges around 30%.

The low value of the "probability of seeing the eclipse" speaks of a large amount of thin cloudiness—thin enough to let the Sun register its signal on sunshine recorders, but thick enough for human observers to characterize it as broken or overcast. The "percent of possible sunshine" is also likely slightly pessimistic, as the mid-day has less cloudiness than either the morning or late afternoon, and so the percent of sunshine at the eclipse hour may be a few percentage points higher than the daily average.

High humidity brings a high incidence of fog in the morning hours. At Accra, about 16% of mornings come with fog, but observations close to the eclipse hour show that much of this has burned off and the frequency of foggy hours has declined to around 6%. Inland stations fare much more poorly, with 50% of morning hours in most locations in central Nigeria reported as foggy. Some particularly misty locations such as Ibadan (Nigeria) have a frequency of fog at sunrise that exceeds 70%. Fog on eclipse morning is a danger signal, for the cooling associated with the approach of the lunar shadow is likely to result in the redevelopment of fog, especially in areas that experienced fog at dawn.

North of the ITCZ, the climatology is completely reversed. Winds flowing into the convergence zone from the north have the Sahara Desert as their source, with a sharply lower humidity. Rainfall is much lighter, cloudiness reduced, humidity tolerable, and eclipse prospects much brighter. Most of the benefit of the Saharan airmass isn't realized until the eclipse path crosses into Niger, but the northern half of Nigeria does see some improvement in cloudiness. This is particularly evident in Figure 22 where satellite measurements show a mean cloudiness of 60% along the coast, falling to under 20% where the track reaches the border with Niger. Table 21 also reflects this transition, with the percent of possible sunshine jumping from 55% at Bohicon in southern Benin, to 72% at Kaduna in northern Nigeria.

In a very few miles, the eclipse passes from the region with one of the poorest cloud records to one with the best. As noted above, the large amount of cloudiness recorded in Table 21 is a poor reflection of the actual weather, as it is biased by a high frequency of thin cloud. The satellite-based maps in Figure 22 are much less affected by this bias and are more reliable as a measure of eclipse chances. International observing standards for weather observations require that the cloud cover be reported according to the amount of sky covered, regardless of its transparency.

The Saharan air that arrives in West Africa (known locally as the *harmattan*) brings evidence of its desert origin in the form of frequent reports of dust and haze. In northern Nigeria and southern Niger, the surface observations show a high frequency of haze (and smoke), typically on 50 or 60% of March mornings. Satellite observations of atmospheric transparency show that this region—that is, everywhere south of the Sahara—has an endemic haziness from high-altitude dust blown from the desert. Such haze, coupled with a high frequency of thin cirrus cloud, will make observation of the outer corona difficult.

2.4 Across the Sahara

Through Niger, Chad, the Sudan, Libya, and Egypt, at least as far as the Mediterranean coast, the eclipse path is completely immersed in the Sahara Desert. It is sunny, sandy and hot, and the occurrence of thin high cloudiness drops dramatically as the track reaches the Libyan border. Observation sites are sparse and not conveniently located, except for Bilma in Niger, which lies very near the central line. At Bilma, sunshine hours reach 77% of the maximum possible, and probably peak above 85% where the borders of Libya, Chad, and Niger come together. The frequency of completely clear skies rises from 5% in the Bilma area to about 55% in southern Libya. Satellite-based measurements show a mean cloudiness (Figure 22) of 10–20% in this area.

In spite of its location in the midst of the Sahara Desert, Bilma reports only half the haziness of northern Nigeria. The lower frequency of high-level haze is balanced by a correspondingly higher frequency of dust. Bilma lies closer to the source region in Chad where much of the Saharan dust originates, and so a smaller percentage of it has been lifted high into the atmosphere. Instead, the lower atmosphere is full of dust—sometimes blowing violently right at the surface! The distinction between dust and haze in the meteorological observations is only a reflection of the depth of the atmosphere affected—both are a result of dust storms in the desert. Satellite observations occasionally trace the dust blowing off the Sahara all the way to the Caribbean.

In the northern Sahara, the main meteorological feature of spring is a series of low-pressure systems that form in Algeria and move eastward over land. These lows are known as *khamsin* depressions; they have an average frequency of three or four per month. The khamsin low is small and usually without precipitation, but carries high- and medium-level cloud and dust-laden air.

Very similar to the khamsin low is a Mediterranean depression that travels along the coast, usually just offshore. The two are different manifestations of similar weather systems—one is a desert system with no ready moisture supply, the other moves over the Mediterranean and has access to generous amounts of moist air. Because of winds associated with these two systems, the frequency of dust storms increases north of Jalu and peaks along the Mediterranean coast.

The actual incidence of low-visibility storms is relatively low. At Bilma (Niger), visibilities below 1 mi (1.6 km) occur at eclipse hour on a little over 5% of March days. Visibilities of 1/2 mile or less occur on just over 2% of March days. While these seem to reflect favorably on eclipse prospects, it should also be noted that more than 1/3 of March days report visibilities lower than 5 mi. In other words, serious dust storms are uncommon, but lesser amounts of blowing dust are ordinary events.

No data are available to assess visibility at Jalu (Libya), but the frequencies there are likely much better than at Bilma. Salloum (Egypt), which is regarded as one of the dustiest places on the coast, has a frequency of poor visibilities about 1/6 those at Bilma. In spite of the low incidence of serious sandstorms, eclipse observers should come prepared with protective coverings, for the ability of the dust and sand to infiltrate and damage cameras and other equipment is legendary.

2.5 The Mediterranean Coast of Africa

The eclipse path traverses the north coast of Africa where the borders of Libya and Egypt meet the Mediterranean. This coastal region has a climate determined by a combination of desert influences and the weather brought by passing mid-latitude low-pressure systems that travel offshore. The south Mediterranean lows and the khamsin depressions that affect the inland desert are the first encounters with mid-latitude disturbances that are the hallmark of European springtime weather systems. They come with heavy cloud, cold and warm fronts, occasional precipitation, and plenty of dust-raising wind. Occasionally, these lows will develop through a deep layer of the atmosphere and become "cut-off" from the normal eastward flow of weather systems. If this should happen, poor weather will hang around for several days, cloud cover will be much thicker, and thundershowers with heavy rain may develop.

Typically, the approach of one of these lows will be heralded by gradually increasing high-level cloudiness and southeast winds. Temperatures will rise as warm air is drawn to the coast from the interior; as wind speeds increase above 30 km/h, blowing sand begins to reduce visibilities. These khamsin conditions cause the sky to adopt a yellowish veil and sand creeps into every crevice. Extremely low humidities add to the discomfort. Thickening clouds and increasing winds, now turning to the south and southwest, will mark the arrival of the center of the low. The winds tap the source region of the sand and dust, and visibilities will decline, perhaps to a kilometer or less.

As the low-pressure center departs eastward, a cold front sweeps across the coast and deep into the desert, often for several hundred kilometers. The front may carry only a light cloudiness or a line of thunderstorms with strong downdraft winds. The thunderstorm winds, which may gust to well over 100 km/h, can bring the most intense sandstorms with visibility falling to only a few tens of meters as sand penetrates every cranny and the Sun is obscured. Such intense storms, which are thankfully quite rare, but are the stuff of legend, are known by various names including haboob (in Egypt and the Sudan), ghibli (in Libya) or samoon (in Arabia). The most intense of these will last only a short while, until the thunderstorm winds have passed, but the less intense khamsin conditions can last for several days. There is an Arabic saying that five days in a khamsin wind is a sufficient excuse for murder.

With the passage of the cold front, winds will turn to the west and northwest and temperatures will fall sharply. Visibilities improve even though winds remain strong, as they no longer blow from the main source of the sand in the south. Cloudy skies will linger until the low is well away to the east. The cool air brought onto the land leaves a high-pressure system in the wake of the low, with clear skies and light winds. Most fortunately for the eclipse-chaser, this is the prevailing meteorological feature of the Egyptian coast in March (Figure 21).

Salloum (or As Salloum, or Salum) in Egypt or nearby sites in Libya are likely to be the primary destination for eclipse observers, so it is worthwhile to examine the climatological record in detail for this location. Salloum lies at the bottom of a semicircular bay on the Mediterranean coast, under the looming heights of the Libyan plateau a few kilometers to the west. The boundary with Libya lies on the heights about 15 km distant and the border area would be an ideal observing site if permission can be obtained from the military authorities. Salloum has a high frequency of sunshine, with 75% of the maximum possible recorded in March (Table 21). Clear skies and skies with scattered cloud are observed on more than half of March days and precipitation averages only a few millimeters in the month. Observations reporting dust or sand are recorded on 7% of the hours at eclipse time (Table 21). Less than 1% of March observations recorded visibilities below 1 mi (1.6 km). A little over 6% of observations show a visibility below 5 mi (8 km). Temperatures are cool, with highs of 21°C and overnight lows of 11°C.

Cloud cover in Salloum comes almost entirely from the traveling khamsin lows and Mediterranean depressions. Such systems are relatively easy to see coming in satellite imagery, and can be timed by watching movement over several days or hours. The four-lane highway heading east from the community provides a convenient route to look for better skies, especially because most observers will travel to the path from locations such as Marsa Matruh, and will already be familiar with conditions en route.

2.6 Turkey and the Black Sea

The north Mediterranean region forms a distinct climatic unit, with its own series of low-pressure depressions in the winter and spring that move from west to east. The depressions have preferred basins for development, one of which lies southwest of Greece. About 40% of the lows that collect in this area travel eastward toward Cypress; the remainder move northeast into the Black Sea. In most cases, these Mediterranean lows are linked to disturbances over central Europe and the cloud cover can be very widespread.

The track of the more southerly lows leads to the south

coast of Turkey, opposite Antalya where the lunar shadow comes onshore. In spring, these disturbances have lost much of their winter intensity and in late March, the winter rainy season is all but over. Approaching weather systems will bring moist southerly winds against the coast along the Gulf of Antalya (Pamphylia). It is a rugged coastline outlined by the Taurus Mountains to the east of Antalya and the Bey Mountains to the northwest. Immediately east of the city is a flat coastal plain that extends 50 km inland and covers the eclipse path from the north limit to the central line. From the central line to the southern limit, the coastal plain is only about 20 km wide.

The topography along the Gulf of Antalya presents both opportunity and difficulty for eclipse expeditions. The high mountains that frame the coast will dry airmasses approaching from the west and north, while promoting additional cloudiness for those coming from the south as they ascend the terrain. The eclipse observer's best ally is the gentle slope of the coastal plain which has only a minor effect on cloud development. Antalya's southern location and the beneficial effects of the terrain make it one of the sunniest places in Turkey. The best measure of eclipse viewing chances, i.e., the percent of possible sunshine, is 60% at Antalya (Table 21).

If no large-scale weather disturbance affects the area on eclipse day, and cloudiness is patchy, the coastal highway southeast from Antalya provides a convenient route to search for an area to view the Sun—though the narrow highway is likely to be crowded with traffic that affords only slow movement. With winds from the south, coastal areas will be sunnier than inland sites against the mountains. Northerly winds will reverse the pattern, with sites farther inland being favored. If cloud cover is increasing from the west (ahead of an approaching disturbance), then an escape inland toward Konya is possible, though the route is tortuous and slow and cannot be done on short notice. Eclipse travelers should watch weather patterns for a day or two ahead and make decisions about the most favorable sites before eclipse day.

Beyond the Taurus Mountains, the eclipse path moves across the broad interior plateau of central Turkey, where weather systems from Europe and the Black Sea have unimpeded access. In March, they arrive much modified by their transit over the Black Sea. Cloudiness and precipitation increase steadily along the path from Antalya to Trabzon. Winter still has some grip, and with overnight lows falling below 0°C in northern Turkey, there is a modest possibility of snow as the path comes to the shores of the Black Sea. At Sivas, climatology shows that more than 5 days in March report a snowfall, though a snowfall as late as the date of the eclipse would be unusual. Past Ankara, the percent of possible sunshine statistic falls below 50% along the path and drops to a meager 38% at Sivas. Mobility will be a major advantage for eclipse watchers in northern regions, however, major roads tend to go across rather than along the path of totality and the rugged terrain will make rapid movement difficult.

The area surrounding the Black Sea—northern Turkey, Georgia, and the Caucasus Mountains—is the cloudiest along the path. The percent of possible sunshine varies from 32–38%, as does the probability of seeing the eclipse (Table 21). Rain or snow falls at eclipse time on one day out of four or five and there is a very high frequency of fog at some stations, even at the late hour of the eclipse. Even temperatures are unkind, flirting with the freezing point at night and climbing only to 10–12°C in the afternoon.

2.7 Kazakhstan, Eastern Russia, and Mongolia

As the Moon's shadow reaches the late afternoon portion of the path, it moves more and more into a wintry climate. The track is moving toward the cold Siberian anticyclone that lies over central Asia (Figure 21) and low-pressure systems tend to be diverted to the south, or north away from the shadow track. The small amount of moisture available in cold air reduces the extent and thickness of the cloud. Except in eastern Kazakhstan, average temperatures do not even pretend to rise above 0°C during the day, which works well for the eclipse observer, because the freezing cold locks away moisture in lakes and rivers.

The percent of possible sunshine rises steadily as the eclipse path progresses across Kazakhstan and Russia, from 40–50% and eventually to 60% at the very end of the path in Mongolia. Precipitation frequency declines from 25% to only 4% at the eclipse hour, and fog virtually disappears from the climatological record. Blowing snow replaces the Sahara's blowing sand as an eclipse hazard, but the frequency is well below 1%.

The mean cloudiness chart in Figure 22 shows very cloudy skies over northern Kazakhstan, but this is an artifact of the technique used to detect the presence of cloud, which is unable to completely distinguish between overcast skies and snow on the ground. More sophisticated algorithms reveal a mean cloudiness of 50–60%, which fits well with the sunshine statistics and ground-based observations. The low Sun angle will complicate eclipse observations by making distant clouds merge into a heavier layer, but the spectacle of an eclipse low on the horizon may well be worth the effort.

2.8 Weather at Sea

Shipboard sites in the Mediterranean, off the coast of Brazil, and along the west coast of Africa are tempting destinations, as the mobility offered on water can overcome poor weather on eclipse day, especially if the sailing schedule allows a generous amount of time for diversion. The cloudiness along the ITCZ tends to be a little less over water than over land along the Brazilian coast, but the reverse is true near Africa. Wave heights average from 1–1.5 m along the Brazilian coast and over the southern Mediterranean near the Egyptian coast. Near the west African coast and on the Mediterranean near Cypress, the wave height drops below 1 m.

2.9 Summary

This eclipse samples a large section of global weather and culture, with attractions to please just about everyone. No region is without its problems, but weather prospects are good-to-excellent across most of the path, save for a portion from northern Turkey to western Kazakhstan. Egypt, Libya, and Mediterranean Turkey offer a combination of the best weather prospects and the easiest travel arrangements, but western Africa has some tempting locations, especially in northern Nigeria and southern Niger.

As in every eclipse, mobility and an eye for weather might be critical for success. For short-range adjustments in observing site (a day or less), satellite observations will prove to be most useful. For the longer range (up to a week or more), computer models will provide predictions of cloud, precipitation, and wind. For those with limited prospects for movement, either because of lack of roads, transportation constraints, equipment requirements, or tour restrictions, the climatological record in these pages should provide the best guidance.

2.10 Weather Web Sites

This section is actually a listing of pertinent weather-related Web sites in the world in general, and along the path of totality in particular.

2.10.1 World

1. http://www.tvweather.com—Links to current and past weather around the world.
2. http://www.accuweather.com—Forecasts for many cities worldwide.
3. http://www.weatherunderground.com—Good coverage of Africa and Australia.
4. http://www.worldclimate.com/climate/index.htm—World database of temperature and rainfall.
5. https://www.fnmoc.navy.mil/PUBLIC/—Fleet Numerical Meteorology and Oceanography Centre; a U.S. Navy site that provides satellite imagery and forecast maps for much of the globe; some meteorological background is useful, especially when using the model data. The site can be slow.
6. http://home.cc.umanitoba.ca/~jander—Jay Anderson's eclipse weather Web site; contains maps and weather data for this and other eclipses.

2.10.2 Along the Path of Totality

1. http://www.sat.dundee.ac.uk/pdus/—One of the best sites for satellite imagery for the globe from Dundee University; select the AV subdirectory for visual images and the AI subdirectory for infrared pictures; images for other places in the world are also available. A login name and password are required, but these are free of charge.
2. http://meteo.infospace.ru/—Forecasts and current conditions for 3000 places in Russia, former Russian states and Europe.
3. http://www.meteo.gov.gh/—Ghana Meteorological Services Department.
4. http://www.inmet.gov.br/—Brazilian National Meteorological Institute. This site is in Portuguese, and has a complex layout, but a little persistence will get the information need. Good satellite coverage is available and it has many climatological charts.

3. OBSERVING THE ECLIPSE
3.1 Eye Safety and Solar Eclipses

A total solar eclipse is probably the most spectacular astronomical event that most people will experience in their lives. There is a great deal of interest in watching eclipses, and thousands of astronomers (both amateur and professional) and other eclipse enthusiasts travel around the world to observe and photograph them.

A solar eclipse offers students a unique opportunity to see a natural phenomenon that illustrates the basic principles of mathematics and science that are taught through elementary and secondary school. Indeed, many scientists (including astronomers!) have been inspired to study science as a result of seeing a total solar eclipse. Teachers can use eclipses to show how the laws of motion and the mathematics of orbits can predict the occurrence of eclipses. The use of pinhole cameras and telescopes or binoculars to observe an eclipse leads to an understanding of the optics of these devices. The rise and fall of environmental light levels during an eclipse illustrate the principles of radiometry and photometry, while biology classes can observe the associated behavior of plants and animals. It is also an opportunity for children of school age to contribute actively to scientific research—observations of contact timings at different locations along the eclipse path are useful in refining our knowledge of the orbital motions of the Moon and Earth, and sketches and photographs of the solar corona can be used to build a three-dimensional picture of the Sun's extended atmosphere during the eclipse.

Observing the Sun, however, can be dangerous if the proper precautions are not taken. The solar radiation that reaches the surface of the Earth ranges from ultraviolet (UV) radiation at wavelengths longer than 290 nm, to radio waves in the meter range. The tissues in the eye transmit a substantial part of the radiation between 380–400 nm to the light-sensitive retina at the back of the eye. While environmental exposure to UV radiation is known to contribute to the accelerated aging of the outer layers of the eye and the development of cataracts, the primary concern over improper viewing of the Sun during an eclipse is for the development of "eclipse blindness" or retinal burns.

Exposure of the retina to intense visible light causes damage to its light-sensitive rod and cone cells. The light triggers a series of complex chemical reactions within the cells which damages their ability to respond to a visual stimulus, and in extreme cases, can destroy them. The result is a loss of visual function, which may be either temporary or permanent depending on the severity of the damage. When a person looks repeatedly, or for a long time, at the Sun without proper eye protection, this photochemical retinal damage may be accompanied by a thermal injury—the high level of visible and near-infrared radiation causes heating that literally cooks the exposed tissue. This thermal injury or photocoagulation destroys the rods and cones, creating a small blind area. The danger to vision is significant because photic retinal injuries occur without any feeling of pain (the retina has no pain receptors), and the visual effects do not become apparent for at least several hours after the damage is done (Pitts 1993). Viewing the Sun through binoculars, a telescope, or other optical devices without proper protective filters can result in thermal retinal injury because of the high irradiance level in the magnified image.

The only time that the Sun can be viewed safely with the naked eye is during a total eclipse, when the Moon completely covers the disk of the Sun. *It is never safe to look at a partial or annular eclipse, or the partial phases of a total solar eclipse, without the proper equipment and techniques.* Even when 99% of the Sun's surface (the photosphere) is obscured during the partial phases of a solar eclipse, the remaining crescent Sun is still intense enough to cause a retinal burn, even though illumination levels are comparable to twilight (Chou 1981 and 1996, and Marsh 1982). Failure to use proper observing methods may result in permanent eye damage and severe visual loss. This can have important adverse effects on career choices and earning potential, because it has been shown that most individuals who sustain eclipse-related eye injuries are children and young adults (Penner and McNair 1966, Chou and Krailo 1981, and Michaelides et al. 2001).

The same techniques for observing the Sun outside of eclipses are used to view and photograph annular solar eclipses and the partly eclipsed Sun (Sherrod 1981, Pasachoff 2000, Pasachoff and Covington 1993, and Reynolds and Sweetsir 1995). The safest and most inexpensive method is by projection. A pinhole or small opening is used to form an image of the Sun on a screen placed about a meter behind the opening. Multiple openings in perfboard, a loosely woven straw hat, or even between interlaced fingers can be used to cast a pattern of solar images on a screen. A similar effect is seen on the ground below a broad-leafed tree: the many "pinholes" formed by overlapping leaves creates hundreds of crescent-shaped images. Binoculars or a small telescope mounted on a tripod can also be used to project a magnified image of the Sun onto a white card. All of these methods can be used to provide a safe view of the partial phases of an eclipse to a group of observers, but care must be taken to ensure that no one looks through the device. The main advantage of the projection methods is that nobody is looking directly at the Sun. The disadvantage of the pinhole method is that the screen must be placed at least a meter behind the opening to get a solar image that is large enough to see easily.

The Sun can only be viewed directly when filters specially designed to protect the eyes are used. Most of these filters have a thin layer of chromium alloy or aluminum deposited on their surfaces that attenuates both visible and near-infrared radiation. A safe solar filter should transmit less than 0.003% (density ~4.5) of visible light and no more than 0.5% (density ~2.3) of the near-infrared radiation from 780–1400 nm. (In addition to the term transmittance [in percent], the energy transmission of a filter can also be described by the term density [unitless] where density, d, is the common logarithm of the reciprocal of transmittance, t, or $d=\log_{10}[1/t]$. A density of '0' corresponds to a transmittance of 100%; a density of '1' corresponds to a transmittance of 10%; a density of '2' corresponds to a transmittance of 1%, etc.). Figure 23 shows transmittance curves for a selection of safe solar filters.

One of the most widely available filters for safe solar viewing is shade number 14 welder's glass, which can be obtained from welding supply outlets. A popular inexpensive alternative is aluminized polyester that has been made specially for solar observation. (Note that this material is commonly known as "mylar," although the registered trademark "Mylar®" belongs to Dupont who does not manufacture this material for use as a solar filter. Note that "Space blankets" and aluminized polyester film used in gardening are NOT suitable for this purpose!) Unlike the welding glass, aluminized polyester can be cut to fit any viewing device, and does not break when dropped. It has recently been pointed out that some aluminized polyester filters may have large (up to approximately 1 mm in size) defects in their aluminum coatings that may be hazardous. A microscopic analysis of examples of such defects shows that despite their appearance, the defects arise from a hole in one of the two aluminized polyester films used in the filter. There is no large opening completely devoid of the protective aluminum coating. While this is a quality control problem, the presence of a defect in the aluminum coating does not necessarily imply that the filter is hazardous. When in doubt, an aluminized polyester solar filter that has coating defects larger than 0.2mm in size, or more than a single defect in any 5mm circular zone of the filter, should not be used.

An alternative to aluminized polyester that has become quite popular is "black polymer" in which carbon particles are suspended in a resin matrix. This material is somewhat stiffer than polyester film and requires a special holding cell if it is to be used at the front of binoculars, telephoto lenses, or telescopes. Intended mainly as a visual filter, the polymer gives a yellow image of the Sun (aluminized polyester produces a blue-white image). This type of filter may show significant variations in density of the tint across its extent; some areas may appear much lighter than others. Lighter areas of the filter transmit more infrared radiation than may be desirable. The advent of high resolution digital imaging in astronomy, especially for photographing the Sun, has increased the demand for solar filters of higher optical quality. Baader AstroSolar Safety Film, a metal-coated resin, can be used for both visual and photographic solar observations. A much thinner material, it has excellent optical quality and much less scattered light than polyester filters. Filters using optically flat glass substrates are available from several manufacturers, but are quite expensive in large sizes.

Many experienced solar observers use one or two layers of black-and-white film that has been fully exposed to light and developed to maximum density. The metallic silver contained in the film emulsion is the protective filter; however, any black-and-white negative with images in it is not suitable for this purpose. More recently, solar observers have used floppy disks and compact disks (CDs and CD-ROMs) as protective filters by covering the central openings and looking through the disk media. However, the optical quality of the solar image formed by a floppy disk or CD is relatively poor compared to aluminized polyester or welder's glass. Some CDs are made with very thin aluminum coatings which are not safe—if the

CD can be see through in normal room lighting, it should not be used! No filter should be used with an optical device (e.g., binoculars, telescope, camera) unless it has been specifically designed for that purpose and is mounted at the front end. Some sources of solar filters are listed below.

Unsafe filters include color film, black-and-white film that contains no silver (i.e., chromogenic film), film negatives with images on them, smoked glass, sunglasses (single or multiple pairs), photographic neutral density filters and polarizing filters. Most of these transmit high levels of invisible infrared radiation, which can cause a thermal retinal burn (see Figure 23). The fact that the Sun appears dim, or that no discomfort is felt when looking at the Sun through the filter, is no guarantee that the eyes are safe.

Solar filters designed to thread into eyepieces that are often provided with inexpensive telescopes are also unsafe. These glass filters often crack unexpectedly from overheating when the telescope is pointed at the Sun, and retinal damage can occur faster than the observer can move the eye from the eyepiece. Avoid unnecessary risks. Local planetariums, science centers, or amateur astronomy clubs can provide additional information on how to observe the eclipse safely.

There are some concerns that UVA radiation (wavelengths from 315—380 nm) in sunlight may also adversely affect the retina (Del Priore 1999). While there is some experimental evidence for this, it only applies to the special case of aphakia, where the natural lens of the eye has been removed because of cataract or injury, and no UV-blocking spectacle, contact or intraocular lens has been fitted. In an intact normal human eye, UVA radiation does not reach the retina because it is absorbed by the crystalline lens. In aphakia, normal environmental exposure to solar UV radiation may indeed cause chronic retinal damage. The solar filter materials discussed in this article, however, attenuate solar UV radiation to a level well below the minimum permissible occupational exposure for UVA (ACGIH 2004), so an aphakic observer is at no additional risk of retinal damage when looking at the Sun through a proper solar filter.

In the days and weeks before a solar eclipse occurs, there are often news stories and announcements in the media, warning about the dangers of looking at the eclipse. Unfortunately, despite the good intentions behind these messages, they frequently contain misinformation, and may be designed to scare people from viewing the eclipse at all. This tactic may backfire, however, particularly when the messages are intended for students. A student who heeds warnings from teachers and other authorities not to view the eclipse because of the danger to vision, and later learns that other students did see it safely, may feel cheated out of the experience. Having now learned that the authority figure was wrong on one occasion, how is this student going to react when other health-related advice about drugs, AIDS, or smoking is given (Pasachoff 2001)? Misinformation may be just as bad, if not worse, than no information.

Remember that the total phase of an eclipse can, and should, be seen without any filters, and certainly never by projection! It is completely safe to do so. Even after observing 14 solar eclipses, the author finds the naked-eye view of the *totally eclipsed* Sun awe-inspiring. The experience should be enjoyed by all.

Sect. 3.1 was contributed by:
B. Ralph Chou, MSc, OD
Associate Professor, School of Optometry
University of Waterloo
Waterloo, Ontario, Canada N2L 3G1

3.2 Sources for Solar Filters

The following is a brief list of sources for filters that are specifically designed for safe solar viewing with or without a telescope. The list is not meant to be exhaustive, but is a representative sample of sources for solar filters currently available in North America and Europe. For additional sources, see advertisements in *Astronomy* and or *Sky & Telescope* magazines. (The inclusion of any source on the following list does not imply an endorsement of that source by either the authors or NASA.)

Sources in the USA:

American Paper Optics, 3080 Bartlett Corporate Drive, Bartlett, TN 38133, (800)767-8427 or (901)381-1515

Astro-Physics, Inc., 11250 Forest Hills Rd., Rockford, IL 61115, (815)282-1513.

Celestron International, 2835 Columbia Street, Torrance, CA 90503, (310)328-9560.

Coronado Technology Group, 1674 S. Research Loop, Suite 436, Tucson, AZ 85710-6739, (520)760-1561, (866)SUNWATCH.

Meade Instruments Corporation, 16542 Millikan Ave., Irvine, CA 92606, (714)756-2291.

Rainbow Symphony, Inc., 6860 Canby Ave., #120, Reseda, CA 91335, (818)708-8400.

Telescope and Binocular Center, P.O. Box 1815, Santa Cruz, CA 95061-1815, (408)763-7030.

Thousand Oaks Optical, Box 4813, Thousand Oaks, CA 91359, (805)491-3642.

Sources in Canada:

Kendrick Astro Instruments, 2920 Dundas St. W., Toronto, Ontario, Canada M6P 1Y8, (416)762-7946.

Khan Scope Centre, 3243 Dufferin Street, Toronto, Ontario, Canada M6A 2T2, (416)783-4140.

Perceptor Telescopes TransCanada, Brownsville Junction Plaza, Box 38, Schomberg, Ontario, Canada L0G 1T0, (905)939-2313.

Sources in Europe:

Baader Planetarium GmbH, Zur Sternwarte, 82291 Mammendorf, Germany, 0049(8145)8802.

3.3 Eclipse Photography

The eclipse may be safely photographed provided that the above precautions are followed. Almost any kind of

35 mm camera with manual controls can be used to capture this rare event; however, a lens with a fairly long focal length is recommended to produce as large an image of the Sun as possible. A standard 50 mm lens yields a minuscule 0.5 mm image, while a 200 mm telephoto or zoom produces a 1.9 mm image (Figure 24). A better choice would be one of the small, compact catadioptic or mirror lenses that have become widely available in the past 20 years. The focal length of 500 mm is most common among such mirror lenses and yields a solar image of 4.6 mm.

With one solar radius of corona on either side, an eclipse view during totality will cover 9.2 mm. Adding a 2× teleconverter will produce a 1000 mm focal length, which doubles the Sun's size to 9.2 mm. Focal lengths in excess of 1000 mm usually fall within the realm of amateur telescopes.

If full disk photography of partial phases on 35 mm format is planned, the focal length of the optics must not exceed 2600 mm. Because most cameras do not show the full extent of the image in their viewfinders, a more practical limit is about 2000 mm. Longer focal lengths permit photography of only a magnified portion of the Sun's disk. In order to photograph the Sun's corona during totality, the focal length should be no longer than 1500–1800 mm (for 35 mm equipment); however, a focal length of 1000 mm requires less critical framing and can capture some of the longer coronal streamers. Figure 24 shows the apparent size of the Sun (or Moon) and the outer corona on a 35 mm film frame for a range of lens focal lengths. For any particular focal length, the diameter of the Sun's image is approximately equal to the focal length divided by 109 (Table 22).

A solar filter must be used on the lens throughout the partial phases for both photography and safe viewing. Such filters are most easily obtained through manufacturers and dealers listed in *Sky & Telescope* and *Astronomy* magazines (see Sect. 3.2, "Sources for Solar Filters"). These filters typically attenuate the Sun's visible and infrared energy by a factor of 100,000. The actual filter factor and choice of ISO film speed, however, will play critical roles in determining the correct photographic exposure. Almost any speed film can be used because the Sun gives off abundant light. The easiest method for determining the correct exposure is accomplished by running a calibration test on the uneclipsed Sun. Shoot a roll of film of the mid-day Sun at a fixed aperture (f/8 to f/16) using every shutter speed from 1/1000 s to 1/4 s. After the film is developed, note the best exposures and use them to photograph all the partial phases. The Sun's surface brightness remains constant throughout the eclipse, so no exposure compensation is needed except for the narrow crescent phases, which require two more stops due to solar limb darkening. Bracketing by several stops is also necessary if haze or clouds interfere on eclipse day.

Certainly the most spectacular and awe-inspiring phase of the eclipse is totality. For a few brief minutes or seconds, the Sun's pearly white corona, red prominences, and chromosphere are visible. The great challenge is to obtain a set of photographs that captures some aspect of these fleeting phenomena. The most important point to remember is that during the total phase, all solar filters *must be removed!* The corona has a surface brightness a million times fainter than the photosphere, so photographs of the corona are made without a filter. Furthermore, it is completely safe to view the totally eclipsed Sun directly with the naked eye. No filters are needed, and in fact, they would only hinder the view. The average brightness of the corona varies inversely with the distance from the Sun's limb. The inner corona is far brighter than the outer corona; thus, no single exposure can capture its full dynamic range. The best strategy is to choose one aperture or f/number and bracket the exposures over a range of shutter speeds (i.e., 1/1000 s down to 1 s). Rehearsing this sequence is highly recommended because great excitement accompanies totality and there is little time to think.

Exposure times for various combinations of film speeds (ISO), apertures (f/number) and solar features (chromosphere, prominences, inner, middle, and outer corona) are summarized in Table 23. The table was developed from eclipse photographs made by F. Espenak, as well as from photographs published in *Sky and Telescope*. To use the table, first select the ISO film speed in the upper left column. Next, move to the right to the desired aperture or f/number for the chosen ISO. The shutter speeds in that column may be used as starting points for photographing various features and phenomena tabulated in the 'Subject' column at the far left. For example, to photograph prominences using ISO 400 at f/16, the table recommends an exposure of 1/1000. Alternatively, the recommended shutter speed can be calculated using the 'Q' factors tabulated along with the exposure formula at the bottom of Table 23. Keep in mind that these exposures are based on a clear sky and a corona of average brightness. The exposures should be bracketed one or more stops to take into account the actual sky conditions and the variable nature of these phenomena.

An interesting, but challenging, way to photograph the eclipse is to record its phases all on one frame. This is accomplished by using a stationary camera capable of making multiple exposures (check the camera instruction manual). Because the Sun moves through the sky at the rate of 15° per hour, it slowly drifts through the field of view of any camera equipped with a normal focal length lens (i.e., 35–50 mm). If the camera is oriented so that the Sun drifts along the frame's diagonal, it will take over 3 h for the Sun to cross the field of a 50 mm lens. The proper camera orientation can be determined through trial and error several days before the eclipse. This will also ensure that no trees or buildings obscure the view during the eclipse. The Sun should be positioned along the eastern (left in the Northern Hemisphere) edge or corner of the viewfinder shortly before the eclipse begins. Exposures are then made throughout the eclipse at ~5 min intervals. The camera must remain perfectly rigid during this period and may be clamped to a wall or post because tripods are easily bumped. If in the path of totality, remove the solar filter during the total phase and take a long exposure (~1 s) in order to record the corona in the sequence. The resulting photograph will consist of a string of Suns, each showing a different phase of the eclipse.

Finally, an eclipse effect that is easily captured with point-and-shoot or automatic cameras should not be overlooked. Use a kitchen sieve or colander and allow its shadow to fall on a piece of white cardboard placed several feet away. The holes in the utensil act like pinhole cameras and each one projects its own image of the Sun. The effect can also be duplicated by forming a small aperture with one's hands and watching the ground below. The pinhole camera effect becomes more prominent with increasing eclipse magnitude. Virtually any camera can be used to photograph the phenomenon, but automatic cameras must have their flashes turned off because this would otherwise obliterate the pinhole images.

Several comments apply to those who choose to photograph the eclipse aboard a cruise ship at sea. Shipboard photography puts certain limits on the focal length and shutter speeds that can be used. It is difficult to make specific recommendations because it depends on the stability of the ship, as well as wave heights encountered on eclipse day. Certainly telescopes with focal lengths of 1000 mm or more can be ruled out because their small fields of view would require the ship to remain virtually motionless during totality, and this is rather unlikely even given calm seas. A 500 mm lens might be a safe upper limit in focal length. ISO 400 is a good film speed choice for photography at sea. If it is a calm day, shutter speeds as slow as 1/8 or 1/4 may be tried. Otherwise, use a 1/15 or 1/30 shutter speed and shoot a sequence through 1/1000 s. It might be good insurance to bring a wider 200 mm lens just in case the seas are rougher than expected. A worst case scenario is when Espenak photographed the 1984 total eclipse aboard a 95 ft yacht in seas with wave heights of 3 ft. He had to hold on with one hand and point his 350 mm lens with the other! Even at that short focal length, it was difficult to keep the Sun in the field, however, any large cruise ship will offer a far more stable platform than this. New image stabilized lenses from Canon and Nikon may also be helpful aboard ship by allowing the use of slower shutter speeds.

Consumer digital cameras have become affordable in recent years and many of these may be used to photograph the eclipse. Most recommendations for 35 mm single lens reflex (SLR) cameras apply to digital SLR (D-SLR) cameras as well. The primary difference is that the imaging chip in many D-SLR cameras is only about 2/3 the area of a 35 mm film frame (see the camera's technical specifications). This means that the Sun's relative size will be about 1.5 times larger in a D-SLR camera so a shorter focal length lens can be used to achieve the same angular coverage compared to a 35 mm SLR camera. Another issue to consider is the lag time between digital frames required to write images to the camera's memory card. It is also advisable to turn off autofocus because it is not reliable under these conditions; focus the camera manually instead. Preparations must be made for adequate battery power and space on the memory card.

For more on eclipse photography, observations, and eye safety, see the "Further Reading" sections in the Bibliography.

3.4 Sky At Totality

The total phase of an eclipse is accompanied by the onset of a rapidly darkening sky whose appearance resembles evening twilight about half an hour after sunset. The effect presents an excellent opportunity to view planets and bright stars in the daytime sky. Aside from the sheer novelty of it, such observations are useful in gauging the apparent sky brightness and transparency during totality.

During the total solar eclipse of 2006, the Sun will be in southern Pisces. Three naked-eye planets and a number of bright stars will be above the horizon within the total eclipse path. Figure 25 depicts the appearance of the sky during totality as seen from the central line at 10:30 UT. This corresponds to central Libya south of Jalu.

The most conspicuous planet visible during totality will be Venus ($m_v=-4.2$) located 47° west of the Sun in Capricornus. Mercury ($m_v=+1.0$) is also west of the Sun at an elongation of 25°, however, it will prove more challenging to detect because it is five magnitudes (~100×) fainter than Venus. Mars ($m_v=+1.3$) lies 73° east of the Sun and is slightly fainter than Mercury.

Although no bright stars will be close to the Sun during the eclipse, a number of them will be above the horizon and may become visible during the eerie twilight of totality. Deneb ($m_v=+1.25$), Altair ($m_v=+0.76$), and Vega ($m_v=+0.03$) are 65°, 71°, and 87° northwest of the Sun, respectively. Betelgeuse ($m_v=+0.45$), Rigel ($m_v=+0.18$), Aldebaran ($m_v=+0.87$), and Capella ($m_v=+0.08$) are to the northeast at distances of 80°, 71°, 61°, and 75°, respectively. Finally, Fomalhaut ($m_v=+1.17$) is 40° southwest of the Sun. Star visibility requires a very dark and cloud free sky during totality.

At the bottom of Figure 25, a geocentric ephemeris (using Bretagnon and Simon 1986) gives the apparent positions of the naked eye planets during the eclipse. Delta is the distance of the planet from Earth (in Astronomical Units), *App. Mag.* is the apparent visual magnitude of the planet, and *Solar Elong* gives the elongation or angle between the Sun and planet.

For a map of the sky during totality from Asia, see NASA's Web site for the 2006 total solar eclipse: http://sunearth.gsfc.nasa.gov/eclipse/SEmono/TSE2006/TSE2006.html.

3.5 Contact Timings from the Path Limits

Precise timings of beading phenomena made near the northern and southern limits of the umbral path (i.e., the graze zones), may be useful in determining the diameter of the Sun relative to the Moon at the time of the eclipse. Such measurements are essential to an ongoing project to detect changes in the solar diameter.

Because of the conspicuous nature of the eclipse phenomena and their strong dependence on geographical location, scientifically useful observations can be made with relatively modest equipment. A small telescope, shortwave radio, and portable camcorder are usually used to make such measurements. Time signals are broadcast via shortwave stations WWV and CHU, and are recorded simultaneously as the eclipse is videotaped. If a video camera is not available, a tape recorder can be used to record time signals with verbal timings of each event. Inexperienced observers are cautioned to use great care in making such observations.

The safest timing technique consists of observing a projection of the Sun rather than directly imaging the solar disk itself. The observer's geodetic coordinates are required and can be measured from United States Geological Survey (USGS) maps or other large scale maps. If a map is unavailable, then a detailed description of the observing site should be included, which provides information such as distance and directions of the nearest towns or settlements, nearby landmarks, identifiable buildings, and road intersections.

The method of contact timing should be described in detail, along with an estimate of the error. The precisional requirements of these observations are ±0.5 s in time, 1 arcsec (~30 m) in latitude and longitude, and ±20 m (~60 ft) in elevation. Commercially available Global Positioning System (GPS) receivers are now the easiest and best way to determine one's position to the necessary accuracy. GPS receivers are also a useful source for accurate UT as long as they use the one-pulse-per-second signal for timing; many recievers do not use that, so the receiver's specifications must be checked. The National Marine Electronics Association (NMEA) sequence normally used can have errors in the time display of several tenths of a second. The International Occultation Timing Association (IOTA) coordinates observers worldwide during each eclipse. For more information, contact:

Dr. David W. Dunham, IOTA
Johns Hopkins University/Applied Physics Lab.
MS MP3-135
11100 Johns Hopkins Rd.
Laurel, MD 20723–6099, USA
Phone: (240) 228-5609
E-mail: david.dunham@jhuapl.edu
Web Site: http://www.lunar-occultations.com/iota

Reports containing graze observations, eclipse contact, and Baily's bead timings, including those made anywhere near or in the path of totality or annularity can be sent to Dr. Dunham at the address listed above.

3.6 Plotting the Path on Maps

For high resolution maps of the umbral path, the coordinates listed in Tables 7 and 8 are conveniently provided in longitude increments of 1° to assist plotting by hand. The coordinates in Table 3 define a line of maximum eclipse at 5 min increments. If observations are to be made near the limits, then the grazing eclipse zones tabulated in Table 8 should be used. A higher resolution table of graze zone coordinates at longitude increments of 7.5' is available via the NASA 2006 total solar eclipse Web site: http://sunearth.gsfc.nasa.gov/eclipse/SEmono/TSE2006/TSE2006.html.

Global Navigation Charts (1:5,000,000), Operational Navigation Charts (scale 1:1,000,000), and Tactical Pilotage Charts (1:500,000) of the world are published by the National Imagery and Mapping Agency. Sales and distribution of these maps are through the National Ocean Service. For specific information about map availability, purchase prices, and ordering instructions, the National Ocean Service can be contacted by mail, telephone, or fax at the following:

NOAA Distribution Division, N/ACC3
National Ocean Service
Riverdale, MD 20737–1199, USA
Phone: (301) 436-8301 or (800) 638-8972
Fax: (301) 436-6829

It is also advisable to check the telephone directory for any map specialty stores in a given city or area. They often have large inventories of many maps available for immediate delivery.

4. ECLIPSE RESOURCES

4.1 IAU Working Group on Eclipses

Professional scientists are asked to send descriptions of their eclipse plans to the Working Group on Eclipses of the Solar Division of the International Astronomical Union, so that they can keep a list of observations planned. Send such descriptions, even in preliminary form, to:

International Astronomical Union/
Working Group on Eclipses
Prof. Jay M. Pasachoff, Chair
Williams College–Hopkins Observatory
Williamstown, MA 01267, USA
Fax: (413) 597-3200
E-mail: jay.m.pasachoff@williams.edu
Web: http://www.williams.edu/astronomy/IAU_eclipses

The members of the Working Group on Eclipses of the Solar Division of the IAU are: Jay M. Pasachoff (USA), Chair, Iraida S. Kim (Russia), Hiroki Kurokawa (Japan), Jagdev Singh (India), Vojtech Rusin (Slovakia), Atila Ozguc (Turkey), Fred Espenak (USA), Jay Anderson (Canada), Glenn Schneider (USA), and Michael Gill (UK).

4.2 IAU Solar Eclipse Education Committee

In order to ensure that astronomers and public health authorities have access to information on safe viewing practices, the Commission on Education and Development of the IAU (the international organization for professional astronomers), set up a Solar Eclipse Education Committee. Under Prof. Jay M. Pasachoff, the Committee has assembled information on safe methods of observing the Sun and solar eclipses, eclipse-related eye injuries, and samples of educational materials on solar eclipses (see http://www.eclipses.info).

For more information, contact Prof. Jay M. Pasachoff, Hopkins Observatory, Williams College, Williamstown, Massachusetts 01267, USA (jay.m.pasachoff@williams.edu). Information on safe solar filters can be obtained by contacting Dr. B. Ralph Chou (bchou@sciborg.uwaterloo.ca).

4.3 Solar Eclipse Mailing List

The Solar Eclipse Mailing List (SEML) is an electronic news group dedicated to solar eclipses. Published by British eclipse chaser Michael Gill (eclipsechaser@yahoo.com), it serves as a forum for discussing anything and everything about eclipses and facilitates interaction between both the professional and amateur communities.

The SEML is hosted at URL http://groups.yahoo.com/group/SEML/. Complete instructions are available online for subscribing and unsubscribing. Up until mid-2004, the list manager of the SEML was Patrick Poitevin (solareclipsewebpages@btopenworld.com). He maintains archives of past SEML messages through July 2004 on his Web site: http://solareclipsewebpages.users.btopenworld.com/ and http://www.mreclipse.com/SENL/SENLinde.htm.

4.4 International Solar Eclipse Conference

An international conference on solar eclipses is being planned for 2007. The main objective of the gathering is to bring together professional eclipse researchers and amateur enthusiasts in a forum conducive to the exchange of ideas, information, and plans for past and future eclipses. Previous conferences were held in Antwerp, Belgium (2000) and Milton Keynes, England (2004), the last of which had 115 delegates from 20 different countries.

The conferences are intentionally timed to coincide during years when no central eclipses occur, to avoid travel conflicts. The 2007 event is tentatively scheduled for 2007 August 24–26 in southern California. For more details as they become available, contact the organizers of this event (Joanne and Patrick Poitevin at solareclipsewebpages@btopenworld.com).

4.5 NASA Eclipse Bulletins on Internet

To make the NASA solar eclipse bulletins accessible to as large an audience as possible, these publications are also available via the Internet. This was made possible through the efforts and expertise of Dr. Joe Gurman (GSFC/Solar Physics Branch).

NASA eclipse bulletins can be read, or downloaded via the Internet, using a Web browser (such as Netscape, Microsoft Explorer, etc.) from the GSFC Solar Data Analysis Center (SDAC) Eclipse Information home page, or from top-level Web addresses (URLs) for the currently available eclipse bulletins themselves:

http://umbra.nascom.nasa.gov/eclipse/
  (SDAC Eclipse Information)
http://umbra.nascom.nasa.gov/eclipse/941103/rp.html
  (1994 Nov 3)
http://umbra.nascom.nasa.gov/eclipse/951024/rp.html
  (1995 Oct 24)
http://umbra.nascom.nasa.gov/eclipse/970309/rp.html
  (1997 Mar 9)
http://umbra.nascom.nasa.gov/eclipse/980226/rp.html
  (1998 Feb 26)
http://umbra.nascom.nasa.gov/eclipse/990811/rp.html
  (1999 Aug 11)
http://umbra.nascom.nasa.gov/eclipse/010621/rp.html
  (2001 Jun 21)
http://umbra.nascom.nasa.gov/eclipse/021204/rp.html
  (2002 Dec 04)
http://umbra.nascom.nasa.gov/eclipse/2003/rp.html
  (2003 May 31 and 2003 Nov 23)
http://umbra.nascom.nasa.gov/eclipse/060329/rp.html
  (2006 Mar 29)

Recent bulletins are available in both "html" and "pdf" format. Current plans call for making all future NASA eclipse bulletins available over the Internet, at or before publication of each. The primary goal is to make the bulletins available to as large an audience as possible, thus, some figures or maps may not be at their optimum resolution or format. Comments and suggestions are actively solicited to fix problems and improve on compatibility and formats.

4.6 Future Eclipse Paths on the Internet

Presently, the NASA eclipse bulletins are published 18–36 months before each eclipse, however, there have been a growing number of requests for eclipse path data with an even greater lead time. To accommodate the demand, predictions have been generated for all central solar eclipses from 1991 through 2030. All predictions are based on $j=2$ ephemerides for the Sun (Newcomb 1895) and Moon (Brown 1919, and Eckert et al. 1954). The value used for the Moon's secular acceleration is $\dot{n} = -26$ arcsec/cy^2 as deduced by Morrison and Ward (1975). The path coordinates are calculated with respect to the Moon's center of mass (no corrections for the Moon's center of figure). The value for ΔT (the difference between Terrestrial Dynamical Time and Universal Time) is from direct measurements during the 20th century and extrapolation into the 21st century. The value used for the Moon's mean radius is $k = 0.272281$.

The umbral path characteristics have been predicted with a 1 min time interval compared to the 6 min interval used in *Fifty Year Canon of Solar Eclipses: 1986–2035* (Espenak 1987). This provides enough detail for making preliminary plots of the path on larger scale maps. Global maps using an orthographic projection also present the regions of partial and total (or annular) eclipse. The index Web page for the path tables and maps is: http://sunearth.gsfc.nasa.gov/eclipse/SEpath/SEpath.html.

4.7 NASA Web Site for 2006 Total Solar Eclipse

A special Web site has been set up to supplement this bulletin with additional predictions, tables, and data for the total solar eclipse of 2006. Some of the data posted there include an expanded version of Tables 7 and 8 (Mapping Coordinates for the Zones of Grazing Eclipse), and local circumstance tables with additional cities, as well as for astronomical observatories. Also featured will be higher resolution maps of selected sections of the path of totality and limb profile figures for other locations/times along the path. The URL of the special TSE2006 Web site is: http://sunearth.gsfc.nasa.gov/eclipse/SEmono/TSE2006/TSE2006.html.

4.8 Predictions for Eclipse Experiments

This publication provides comprehensive information on the 2006 total solar eclipse to both the professional, and amateur and lay communities. Certain investigations and eclipse experiment, however, may require additional information which lies beyond the scope of this work. The authors invite the international professional community to contact them for assistance with any aspect of eclipse prediction including predictions for locations not included in this publication, or for more detailed predictions for a specific location (e.g., lunar limb profile and limb-corrected contact times for an observing site).

This service is offered for the 2006 eclipse, as well as for previous eclipses in which analysis is still in progress. To discuss individual needs and requirements, please contact Fred Espenak (espenak@gsfc.nasa.gov).

4.9 Algorithms, Ephemerides, and Parameters

Algorithms for the eclipse predictions were developed by Espenak primarily from the *Explanatory Supplement* (1974) with additional algorithms from Meeus et al. (1966) and Meeus (1982). The solar and lunar ephemerides were generated from the JPL DE200 and LE200, respectively. All eclipse calculations were made using a value for the Moon's radius of $k=0.2722810$ for umbral contacts, and $k=0.2725076$ (adopted IAU value) for penumbral contacts. Center of mass coordinates were used except where noted. Extrapolating from 2004 to 2006, a value for ΔT of 64.9 s was used to convert the predictions from Terrestrial Dynamical Time to Universal Time. The international convention of presenting date and time in descending order has been used throughout the bulletin (i.e., year, month, day, hour, minute, second).

The primary source for geographic coordinates used in the local circumstances tables is *The New International Atlas* (Rand McNally 1991). Elevations for major cities were taken from *Climates of the World* (U.S. Dept. of Commerce 1972). The names and spellings of countries, cities, and other geopolitical regions are not authoritative, nor do they imply any official recognition in status. Corrections to names, geographic coordinates, and elevations are actively solicited in order to update the database for future eclipse bulletins.

AUTHOR'S NOTE

All eclipse predictions presented in this publication were generated on a Macintosh iMac G4 800 MHz computer. All calculations, diagrams, and opinions presented in this publication are those of the authors and they assume full responsibility for their accuracy.

TABLES

Table 1

Elements of the Total Solar Eclipse of 2006 March 29

```
Geocentric Conjunction        10:34:22.25 TDT     J.D. = 2453823.940535
 of Sun & Moon in R.A.:       (=10:33:17.35 UT)

    Instant of               10:12:22.57 TDT     J.D. = 2453823.925261
 Greatest Eclipse:            (=10:11:17.67 UT)
```

Geocentric Coordinates of Sun & Moon at Greatest Eclipse (DE200/LE200):

```
Sun:     R.A. =    00h31m31.738s      Moon:     R.A. =    00h30m46.588s
         Dec. =   +03°24'10.34"                 Dec. =   +03°44'36.25"
    Semi-Diameter =    16'01.12"          Semi-Diameter =    16'34.99"
    Eq.Hor.Par.   =      08.81"          Eq.Hor.Par.    = 1°00'51.40"
         Δ R.A.  =        9.106s/h            Δ R.A.    =    132.258s/h
         Δ Dec.  =       58.46"/h             Δ Dec.    =   1074.91"/h
```

```
Lunar Radius     k1 = 0.2725076 (Penumbra)      Shift in      Δb = 0.00"
 Constants:      k2 = 0.2722810 (Umbra)      Lunar Position:  Δl = 0.00"

Geocentric Libration:    l =   2.3°     Brown Lun. No. = 1030
(Optical + Physical)     b =  -0.6°     Saros Series   = 139 (29/71)
                         c = -21.7°     Ephemeris      = (DE200/LE200)

Eclipse Magnitude = 1.05151       Gamma = 0.38433        ΔT =    64.9 s
```

Polynomial Besselian Elements for: 2006 Mar 29   10:00:00.0 TDT   (=t_0)

n	x	y	d	l_1	l_2	μ
0	-0.2899179	0.2790394	3.3988402	0.5370220	-0.0090899	328.793701
1	0.5060887	0.2789923	0.0155571	0.0000644	0.0000641	15.004370
2	0.0000181	-0.0000386	-0.0000008	-0.0000127	-0.0000127	-0.000000
3	-0.0000083	-0.0000048	0.0000000	0.0000000	0.0000000	0.000000

Tan f_1 = 0.0046826   Tan f_2 = 0.0046593

At time t1 (decimal hours), each besselian element is evaluated by:

$$a = a_0 + a_1*t + a_2*t^2 + a_3*t^3 \quad (\text{or } a = \Sigma\ [a_n*t^n];\ n = 0 \text{ to } 3)$$

where: a = x, y, d, l_1, l_2, or μ
         t = $t_1 - t_0$ (decimal hours) and t_0 = 10.000 TDT

The Besselian elements were derived from a least-squares fit to elements calculated at five uniformly spaced times over a six hour period centered at t_0. Thus the Besselian elements are valid over the period $7.00 \leq t_1 \leq 13.00$ TDT.

Note that all times are expressed in Terrestrial Dynamical Time (TDT).

Saros Series 139: Member 29 of 71 eclipses in series.

Total Solar Eclipse of 2006 March 29

Table 2

Shadow Contacts and Circumstances
Total Solar Eclipse of 2006 March 29

$$\Delta T = 64.9 \text{ s}$$
$$= 000°16'16.2''$$

		Terrestrial Dynamical Time h m s	Latitude	Ephemeris Longitude†	True Longitude*
External/Internal Contacts of Penumbra:	P_1	07:37:53.4	14°27.5'S	022°23.3'W	022°07.0'W
	P_2	09:45:42.1	27°28.6'N	056°59.2'W	056°42.9'W
	P_3	10:38:32.9	84°27.7'N	149°28.0'E	149°44.3'E
	P_4	12:46:45.5	43°26.5'N	082°46.2'E	083°02.5'E
Extreme North/South Limits of Penumbral Path:	N_1	09:32:49.8	38°32.0'N	054°42.3'W	054°26.0'W
	S_1	08:28:19.3	37°45.3'S	033°15.0'W	032°58.7'W
	N_2	10:51:16.5	82°45.0'N	099°33.9'W	099°17.6'W
	S_2	11:56:34.6	20°10.0'N	093°18.9'E	093°35.2'E
External/Internal Contacts of Umbra:	U_1	08:35:29.3	06°31.1'S	037°16.4'W	037°00.1'W
	U_2	08:37:33.5	06°04.6'S	037°49.0'W	037°32.8'W
	U_3	11:46:59.4	51°47.0'N	098°48.7'E	099°05.0'E
	U_4	11:49:01.3	51°21.2'N	098°14.3'E	098°30.5'E
Extreme North/South Limits of Umbral Path:	N_1	08:36:57.0	05°43.5'S	037°41.2'W	037°24.9'W
	S_1	08:36:06.5	06°52.3'S	037°24.4'W	037°08.2'W
	N_2	11:47:35.0	52°07.5'N	098°43.1'E	098°59.4'E
	S_2	11:48:25.1	51°00.6'N	098°20.2'E	098°36.5'E
Extreme Limits of Central Line:	C_1	08:36:31.3	06°18.0'S	037°32.7'W	037°16.4'W
	C_2	11:48:00.4	51°34.0'N	098°31.5'E	098°47.7'E
Instant of Greatest Eclipse:	G_0	10:12:22.6	23°09.1'N	016°28.6'E	016°44.9'E
Circumstances at Greatest Eclipse:		Sun's Altitude = 67.3° Sun's Azimuth = 148.6°		Path Width = 183.5 km Central Duration = 04m06.7s	

† Ephemeris Longitude is the terrestrial dynamical longitude assuming a uniformly rotating Earth.
* True Longitude is calculated by correcting the Ephemeris Longitude for the non-uniform rotation of Earth.
  (T.L. = E.L. + 1.002738*ΔT/240, where ΔT(in seconds) = TDT - UT)

Note: Longitude is measured positive to the East.

Since ΔT is not known in advance, the value used in the predictions is an extrapolation based on pre-2005 measurements. Nevertheless, the actual value is expected to fall within ±0.2 seconds of the estimated ΔT used here.

TABLE 3

PATH OF THE UMBRAL SHADOW
TOTAL SOLAR ECLIPSE OF 2006 MARCH 29

Universal Time	Northern Limit Latitude	Northern Limit Longitude	Southern Limit Latitude	Southern Limit Longitude	Central Line Latitude	Central Line Longitude	Sun Alt °	Path Width km	Central Durat.
Limits	05°43.5'S	037°24.9'W	06°52.3'S	037°08.2'W	06°18.0'S	037°16.4'W	0	129	01m53.5s
08:40	03°40.5'S	023°13.5'W	04°33.6'S	021°03.8'W	04°06.8'S	022°07.1'W	16	151	02m25.0s
08:45	01°53.7'S	017°00.8'W	02°49.9'S	015°15.0'W	02°21.6'S	016°07.2'W	24	162	02m40.6s
08:50	00°14.7'S	012°42.6'W	01°12.4'S	011°05.5'W	00°43.4'S	011°53.6'W	29	169	02m52.8s
08:55	01°20.5'N	009°19.4'W	00°21.7'N	007°46.8'W	00°51.2'N	008°32.8'W	34	174	03m03.1s
09:00	02°53.2'N	006°29.9'W	01°53.7'N	005°00.0'W	02°23.5'N	005°44.7'W	38	179	03m12.1s
09:05	04°24.1'N	004°03.5'W	03°24.1'N	002°35.3'W	03°54.2'N	003°19.1'W	42	182	03m20.1s
09:10	05°53.8'N	001°53.9'W	04°53.4'N	000°26.9'W	05°23.7'N	001°10.2'W	45	185	03m27.3s
09:15	07°22.6'N	000°03.0'E	06°21.7'N	001°29.1'E	06°52.2'N	000°46.3'E	48	186	03m33.7s
09:20	08°50.6'N	001°50.0'E	07°49.4'N	003°15.4'E	08°20.0'N	002°32.9'E	51	188	03m39.5s
09:25	10°18.1'N	003°29.1'E	09°16.5'N	004°54.0'E	09°47.3'N	004°11.7'E	54	189	03m44.6s
09:30	11°45.2'N	005°02.0'E	10°43.2'N	006°26.4'E	11°14.2'N	005°44.4'E	56	189	03m49.2s
09:35	13°12.0'N	006°30.1'E	12°09.6'N	007°53.9'E	12°40.8'N	007°12.1'E	59	189	03m53.2s
09:40	14°38.6'N	007°54.3'E	13°35.8'N	009°17.7'E	14°07.2'N	008°36.1'E	61	189	03m56.6s
09:45	16°05.2'N	009°15.5'E	15°01.9'N	010°38.5'E	15°33.6'N	009°57.1'E	63	188	03m59.6s
09:50	17°31.8'N	010°34.7'E	16°28.0'N	011°57.2'E	16°59.9'N	011°16.1'E	64	188	04m02.0s
09:55	18°58.5'N	011°52.6'E	17°54.0'N	013°14.5'E	18°26.3'N	012°33.6'E	65	187	04m03.9s
10:00	20°25.4'N	013°09.7'E	19°20.2'N	014°31.0'E	19°52.8'N	013°50.5'E	66	186	04m05.3s
10:05	21°52.5'N	014°26.9'E	20°46.6'N	015°47.5'E	21°19.5'N	015°07.3'E	67	185	04m06.2s
10:10	23°20.0'N	015°44.6'E	22°13.2'N	017°04.5'E	22°46.5'N	016°24.7'E	67	184	04m06.7s
10:15	24°47.8'N	017°03.7'E	23°40.1'N	018°22.6'E	24°13.9'N	017°43.3'E	67	183	04m06.6s
10:20	26°16.2'N	018°24.8'E	25°07.4'N	019°42.7'E	25°41.7'N	019°03.8'E	67	181	04m06.0s
10:25	27°45.0'N	019°48.6'E	26°35.1'N	021°05.3'E	27°10.0'N	020°27.0'E	66	180	04m04.9s
10:30	29°14.4'N	021°16.0'E	28°03.4'N	022°31.2'E	28°38.8'N	021°53.7'E	65	179	04m03.3s
10:35	30°44.5'N	022°47.8'E	29°32.1'N	024°01.3'E	30°08.2'N	023°24.6'E	63	177	04m01.2s
10:40	32°15.4'N	024°25.0'E	31°01.6'N	025°36.5'E	31°38.3'N	025°00.8'E	62	176	03m58.5s
10:45	33°47.0'N	026°08.8'E	32°31.7'N	027°17.9'E	33°09.2'N	026°43.4'E	60	174	03m55.3s
10:50	35°19.4'N	028°00.6'E	34°02.5'N	029°06.8'E	34°40.8'N	028°33.7'E	57	173	03m51.5s
10:55	36°52.8'N	030°02.1'E	35°34.2'N	031°04.9'E	36°13.3'N	030°33.5'E	55	171	03m47.1s
11:00	38°27.1'N	032°15.4'E	37°06.8'N	033°14.0'E	37°46.7'N	032°44.6'E	52	169	03m42.2s
11:05	40°02.3'N	034°43.0'E	38°40.2'N	035°36.5'E	39°21.1'N	035°09.7'E	50	167	03m36.6s
11:10	41°38.5'N	037°28.5'E	40°14.5'N	038°15.6'E	40°56.3'N	037°51.9'E	47	165	03m30.3s
11:15	43°15.6'N	040°36.3'E	41°49.7'N	041°15.5'E	42°32.4'N	040°55.6'E	43	162	03m23.3s
11:20	44°53.4'N	044°12.9'E	43°25.7'N	044°41.9'E	44°09.3'N	044°27.0'E	40	160	03m15.4s
11:25	46°31.5'N	048°27.7'E	45°02.2'N	048°43.4'E	45°46.6'N	048°34.9'E	36	157	03m06.6s
11:30	48°09.4'N	053°35.9'E	46°38.7'N	053°33.2'E	47°23.8'N	053°33.6'E	32	153	02m56.7s
11:35	49°45.5'N	060°04.4'E	48°14.1'N	059°34.9'E	48°59.6'N	059°48.2'E	26	149	02m45.2s
11:40	51°16.2'N	068°53.8'E	49°45.9'N	067°38.3'E	50°30.9'N	068°13.4'E	20	144	02m31.2s
11:45	52°25.8'N	084°05.2'E	51°04.2'N	080°33.4'E	51°45.5'N	082°09.6'E	11	136	02m11.2s
Limits	52°07.5'N	098°59.4'E	51°00.6'N	098°36.5'E	51°34.0'N	098°47.7'E	0	126	01m51.2s

TABLE 4

PHYSICAL EPHEMERIS OF THE UMBRAL SHADOW
TOTAL SOLAR ECLIPSE OF 2006 MARCH 29

Universal Time	Central Line Latitude	Central Line Longitude	Diameter Ratio	Eclipse Obscur.	Sun Alt °	Sun Azm °	Path Width km	Major Axis km	Minor Axis km	Umbra Veloc. km/s	Central Durat.
08:35.4	06°18.0'S	037°16.4'W	1.0349	1.0710	0.0	86.6	128.6	-	117.4	-	01m53.5s
08:40	04°06.8'S	022°07.1'W	1.0400	1.0816	16.3	85.3	151.4	476.3	134.0	2.907	02m25.0s
08:45	02°21.6'S	016°07.2'W	1.0422	1.0862	23.7	85.3	161.6	351.0	141.1	1.908	02m40.6s
08:50	00°43.4'S	011°53.6'W	1.0438	1.0895	29.3	85.7	168.9	298.8	146.2	1.497	02m52.8s
08:55	00°51.2'N	008°32.8'W	1.0451	1.0922	34.0	86.5	174.4	268.8	150.2	1.264	03m03.1s
09:00	02°23.5'N	005°44.7'W	1.0461	1.0944	38.1	87.6	178.8	248.9	153.6	1.113	03m12.1s
09:05	03°54.2'N	003°19.1'W	1.0470	1.0963	41.8	88.9	182.1	234.6	156.4	1.007	03m20.1s
09:10	05°23.7'N	001°10.2'W	1.0478	1.0979	45.2	90.6	184.6	223.9	158.9	0.930	03m27.3s
09:15	06°52.2'N	000°46.3'E	1.0485	1.0993	48.3	92.6	186.5	215.5	161.0	0.871	03m33.7s
09:20	08°20.0'N	002°32.9'E	1.0491	1.1005	51.2	95.0	187.7	208.9	162.9	0.826	03m39.5s
09:25	09°47.3'N	004°11.7'E	1.0496	1.1016	53.9	97.8	188.5	203.5	164.5	0.791	03m44.6s
09:30	11°14.2'N	005°44.4'E	1.0500	1.1025	56.4	101.0	188.9	199.2	165.9	0.763	03m49.2s
09:35	12°40.8'N	007°12.1'E	1.0504	1.1033	58.7	104.7	189.0	195.6	167.1	0.742	03m53.2s
09:40	14°07.2'N	008°36.1'E	1.0507	1.1040	60.7	108.9	188.7	192.7	168.1	0.725	03m56.6s
09:45	15°33.6'N	009°57.1'E	1.0510	1.1045	62.5	113.7	188.3	190.3	168.9	0.713	03m59.6s
09:50	16°59.9'N	011°16.1'E	1.0512	1.1050	64.1	119.2	187.7	188.4	169.6	0.704	04m02.0s
09:55	18°26.3'N	012°33.6'E	1.0513	1.1053	65.4	125.3	186.9	187.0	170.1	0.698	04m03.9s
10:00	19°52.8'N	013°50.5'E	1.0514	1.1055	66.4	132.0	185.9	186.0	170.4	0.695	04m05.3s
10:05	21°19.5'N	015°07.3'E	1.0515	1.1057	67.0	139.2	184.9	185.3	170.6	0.694	04m06.2s
10:10	22°46.5'N	016°24.7'E	1.0515	1.1057	67.3	146.6	183.8	185.0	170.6	0.696	04m06.7s
10:15	24°13.9'N	017°43.3'E	1.0515	1.1056	67.2	154.2	182.6	185.0	170.5	0.700	04m06.6s
10:20	25°41.7'N	019°03.8'E	1.0514	1.1055	66.7	161.7	181.4	185.4	170.3	0.707	04m06.0s
10:25	27°10.0'N	020°27.0'E	1.0513	1.1052	65.9	169.0	180.1	186.1	169.9	0.717	04m04.9s
10:30	28°38.8'N	021°53.7'E	1.0511	1.1048	64.7	175.8	178.7	187.2	169.3	0.729	04m03.3s
10:35	30°08.2'N	023°24.6'E	1.0509	1.1043	63.3	182.1	177.3	188.7	168.6	0.744	04m01.2s
10:40	31°38.3'N	025°00.8'E	1.0506	1.1038	61.5	188.0	175.8	190.7	167.8	0.763	03m58.5s
10:45	33°09.2'N	026°43.4'E	1.0503	1.1031	59.6	193.4	174.2	193.2	166.7	0.786	03m55.3s
10:50	34°40.8'N	028°33.7'E	1.0499	1.1023	57.4	198.5	172.6	196.2	165.5	0.813	03m51.5s
10:55	36°13.3'N	030°33.5'E	1.0494	1.1013	55.0	203.3	170.8	200.0	164.1	0.846	03m47.1s
11:00	37°46.7'N	032°44.6'E	1.0489	1.1002	52.4	207.8	168.9	204.7	162.5	0.886	03m42.2s
11:05	39°21.1'N	035°09.7'E	1.0483	1.0990	49.7	212.2	166.9	210.5	160.6	0.935	03m36.6s
11:10	40°56.3'N	037°51.9'E	1.0477	1.0976	46.6	216.5	164.7	217.7	158.5	0.996	03m30.3s
11:15	42°32.4'N	040°55.6'E	1.0469	1.0960	43.4	220.9	162.3	226.9	156.0	1.074	03m23.3s
11:20	44°09.3'N	044°27.0'E	1.0460	1.0942	39.8	225.5	159.6	239.0	153.3	1.174	03m15.4s
11:25	45°46.6'N	048°34.9'E	1.0450	1.0920	35.9	230.3	156.7	255.4	150.0	1.311	03m06.6s
11:30	47°23.8'N	053°33.6'E	1.0438	1.0895	31.5	235.7	153.3	279.2	146.2	1.508	02m56.7s
11:35	48°59.6'N	059°48.2'E	1.0424	1.0865	26.4	242.0	149.2	317.6	141.5	1.824	02m45.2s
11:40	50°30.9'N	068°13.4'E	1.0405	1.0826	20.1	249.9	144.0	393.6	135.5	2.450	02m31.2s
11:45	51°45.5'N	082°09.6'E	1.0375	1.0764	10.6	262.0	135.8	685.2	125.9	4.842	02m11.2s
11:46.9	51°34.0'N	098°47.7'E	1.0341	1.0695	0.0	275.5	126.2	-	115.0	-	01m51.2s

TABLE 5

LOCAL CIRCUMSTANCES ON THE CENTRAL LINE
TOTAL SOLAR ECLIPSE OF 2006 MARCH 29

Central Line Maximum Eclipse			First Contact				Second Contact			Third Contact			Fourth Contact			
U.T.	Durat.	Alt °	U.T.	P °	V °	Alt °	U.T.	P °	V °	U.T.	P °	V °	U.T.	P °	V °	Alt °
08:40	02m25.0s	16	07:41:22	238	332	2	08:38:48	56	151	08:41:13	236	331	09:45:00	54	151	32
08:45	02m40.6s	24	07:43:32	236	329	8	08:43:40	54	148	08:46:21	234	328	09:53:24	51	147	41
08:50	02m52.8s	29	07:46:19	234	326	13	08:48:34	52	145	08:51:27	232	325	10:00:58	50	144	47
08:55	03m03.1s	34	07:49:24	233	323	18	08:53:29	51	142	08:56:32	231	322	10:08:04	48	141	52
09:00	03m12.1s	38	07:52:43	232	321	21	08:58:24	50	139	09:01:36	230	319	10:14:50	47	138	57
09:05	03m20.1s	42	07:56:12	231	319	25	09:03:20	49	137	09:06:40	229	317	10:21:22	46	135	61
09:10	03m27.3s	45	07:59:49	230	316	28	09:08:17	48	134	09:11:44	228	314	10:27:40	46	130	65
09:15	03m33.7s	48	08:03:33	230	314	31	09:13:14	47	131	09:16:47	227	311	10:33:48	45	125	68
09:20	03m39.5s	51	08:07:23	229	311	33	09:18:11	46	128	09:21:50	226	307	10:39:47	44	119	71
09:25	03m44.6s	54	08:11:19	228	309	36	09:23:08	46	124	09:26:53	226	304	10:45:36	44	111	73
09:30	03m49.2s	56	08:15:21	228	306	38	09:28:06	45	120	09:31:55	225	300	10:51:18	43	101	75
09:35	03m53.2s	59	08:19:27	227	303	41	09:33:04	45	116	09:36:57	225	296	10:56:52	43	89	77
09:40	03m56.6s	61	08:23:38	227	301	43	09:38:02	45	112	09:41:59	224	291	11:02:19	43	76	77
09:45	03m59.6s	63	08:27:54	226	298	45	09:43:01	44	107	09:47:00	224	286	11:07:40	43	62	77
09:50	04m02.0s	64	08:32:14	226	295	47	09:47:59	44	101	09:52:01	224	280	11:12:54	43	50	76
09:55	04m03.9s	65	08:36:40	225	291	49	09:52:58	44	96	09:57:02	224	274	11:18:01	43	40	75
10:00	04m05.3s	66	08:41:09	225	288	50	09:57:58	44	89	10:02:03	224	268	11:23:03	43	32	73
10:05	04m06.2s	67	08:45:44	225	284	52	10:02:57	44	82	10:07:03	224	261	11:27:59	43	26	71
10:10	04m06.7s	67	08:50:23	225	280	53	10:07:57	44	75	10:12:03	224	253	11:32:49	44	21	69
10:15	04m06.6s	67	08:55:07	225	276	55	10:12:57	44	69	10:17:03	224	246	11:37:34	44	18	67
10:20	04m06.0s	67	08:59:56	225	272	56	10:17:57	44	62	10:22:03	224	239	11:42:13	44	15	64
10:25	04m04.9s	66	09:04:50	225	267	57	10:22:58	44	55	10:27:02	224	233	11:46:46	45	13	62
10:30	04m03.3s	65	09:09:50	225	262	57	10:27:58	45	49	10:32:02	225	227	11:51:14	45	12	59
10:35	04m01.2s	63	09:14:55	225	257	58	10:32:59	45	44	10:37:01	225	222	11:55:36	46	11	57
10:40	03m58.5s	62	09:20:06	225	252	58	10:38:01	46	40	10:41:59	226	218	11:59:52	46	11	54
10:45	03m55.3s	60	09:25:23	226	247	58	10:43:02	46	36	10:46:58	226	214	12:04:03	47	10	51
10:50	03m51.5s	57	09:30:47	226	242	57	10:48:04	47	32	10:51:56	227	211	12:08:08	48	10	49
10:55	03m47.1s	55	09:36:18	227	236	57	10:53:06	47	29	10:56:53	227	208	12:12:07	49	10	46
11:00	03m42.2s	52	09:41:56	227	232	56	10:58:09	48	27	11:01:51	228	206	12:15:59	50	11	43
11:05	03m36.6s	50	09:47:43	228	227	54	11:03:12	49	25	11:06:48	229	204	12:19:45	50	11	40
11:10	03m30.3s	47	09:53:39	229	222	52	11:08:15	50	23	11:11:45	230	203	12:23:24	51	12	37
11:15	03m23.3s	43	09:59:46	230	219	50	11:13:18	51	22	11:16:41	231	202	12:26:56	52	13	33
11:20	03m15.4s	40	10:06:05	231	215	47	11:18:22	52	21	11:21:38	232	201	12:30:19	54	14	30
11:25	03m06.6s	36	10:12:37	232	212	44	11:23:27	53	21	11:26:33	233	200	12:33:32	55	15	26
11:30	02m56.7s	32	10:19:27	233	209	40	11:28:32	54	20	11:31:28	234	200	12:36:32	56	16	22
11:35	02m45.2s	26	10:26:40	235	207	35	11:33:37	56	20	11:36:22	236	200	12:39:15	57	18	17
11:40	02m31.2s	20	10:34:29	236	205	29	11:38:44	58	21	11:41:15	238	201	12:41:30	59	20	11
11:45	02m11.2s	11	10:43:43	239	203	20	11:43:54	60	22	11:46:05	240	202	12:42:36	61	23	2

TABLE 6

TOPOCENTRIC DATA AND PATH CORRECTIONS DUE TO LUNAR LIMB PROFILE
TOTAL SOLAR ECLIPSE OF 2006 MARCH 29

Universal Time	Moon Topo H.P. "	Moon Topo S.D. "	Moon Rel. Ang.V "/s	Topo Lib. Long °	Sun Alt. °	Sun Az. °	Path Az. °	North Limit P.A. °	North Limit Int. '	North Limit Ext. '	South Limit Int. '	South Limit Ext. '	Central Durat. Corr. s
08:40	3671.0	999.6	0.530	3.01	16.3	85.3	76.3	325.7	-0.4	0.4	0.6	-2.5	0.8
08:45	3678.8	1001.7	0.505	2.96	23.7	85.3	71.0	323.7	-0.4	0.9	0.5	-2.8	1.4
08:50	3684.5	1003.3	0.487	2.92	29.3	85.7	66.6	322.2	-0.3	0.9	0.3	-2.6	1.9
08:55	3689.0	1004.5	0.473	2.88	34.0	86.5	62.9	320.9	-0.3	1.2	0.2	-2.3	1.9
09:00	3692.8	1005.5	0.462	2.84	38.1	87.6	59.5	319.8	-0.5	1.5	0.0	-3.2	1.5
09:05	3696.0	1006.4	0.452	2.79	41.8	88.9	56.5	318.8	-0.7	1.5	-0.1	-3.7	1.2
09:10	3698.8	1007.1	0.443	2.75	45.2	90.6	53.8	317.9	-0.9	1.2	-0.2	-4.3	1.0
09:15	3701.2	1007.8	0.436	2.71	48.3	92.6	51.4	317.1	-1.0	1.3	-0.2	-4.8	0.8
09:20	3703.3	1008.3	0.430	2.67	51.2	95.0	49.2	316.4	-1.3	1.4	-0.4	-5.0	0.8
09:25	3705.1	1008.8	0.424	2.62	53.9	97.8	47.2	315.8	-1.4	1.4	-0.4	-5.0	0.7
09:30	3706.7	1009.2	0.420	2.58	56.4	101.0	45.5	315.3	-1.5	1.5	-0.5	-4.9	0.7
09:35	3708.0	1009.6	0.415	2.54	58.7	104.7	44.0	314.8	-1.6	1.5	-0.6	-4.8	0.6
09:40	3709.1	1009.9	0.412	2.50	60.7	108.9	42.8	314.5	-1.7	1.4	-0.7	-4.7	1.0
09:45	3710.1	1010.1	0.409	2.45	62.5	113.7	41.7	314.2	-1.8	1.5	-0.8	-4.6	0.8
09:50	3710.8	1010.3	0.406	2.41	64.1	119.2	40.9	313.9	-1.9	1.5	-0.8	-4.6	0.7
09:55	3711.4	1010.5	0.405	2.37	65.4	125.3	40.2	313.8	-1.9	1.5	-0.8	-4.7	0.7
10:00	3711.8	1010.6	0.403	2.33	66.4	132.0	39.8	313.7	-1.9	1.5	-0.9	-4.7	0.7
10:05	3712.0	1010.7	0.402	2.28	67.0	139.2	39.5	313.7	-1.9	1.5	-0.9	-4.6	1.0
10:10	3712.0	1010.7	0.401	2.24	67.3	146.6	39.5	313.7	-1.9	1.5	-0.9	-4.5	1.0
10:15	3711.9	1010.6	0.401	2.20	67.2	154.2	39.6	313.9	-1.9	1.5	-0.8	-4.5	1.0
10:20	3711.6	1010.6	0.402	2.16	66.7	161.7	39.9	314.1	-1.9	1.5	-0.8	-4.4	1.1
10:25	3711.2	1010.4	0.402	2.11	65.9	169.0	40.4	314.3	-1.8	1.4	-0.7	-4.5	1.2
10:30	3710.5	1010.3	0.404	2.07	64.7	175.8	41.1	314.6	-1.7	1.4	-0.6	-4.5	1.5
10:35	3709.7	1010.1	0.406	2.03	63.3	182.1	42.0	315.1	-1.6	1.4	-0.5	-4.7	1.5
10:40	3708.7	1009.8	0.408	1.99	61.5	188.0	43.0	315.5	-1.5	1.4	-0.4	-4.8	1.5
10:45	3707.5	1009.5	0.411	1.94	59.6	193.4	44.3	316.1	-1.4	1.2	-0.4	-4.9	1.6
10:50	3706.1	1009.1	0.414	1.90	57.4	198.5	45.7	316.7	-1.3	1.3	-0.3	-4.7	1.6
10:55	3704.5	1008.7	0.418	1.86	55.0	203.3	47.3	317.4	-1.3	1.1	-0.1	-4.4	1.7
11:00	3702.7	1008.2	0.423	1.82	52.4	207.8	49.2	318.1	-1.1	1.1	-0.1	-4.0	1.6
11:05	3700.6	1007.6	0.429	1.77	49.7	212.2	51.3	319.0	-0.9	1.4	-0.0	-3.8	1.6
11:10	3698.2	1006.9	0.436	1.73	46.6	216.5	53.7	319.9	-0.8	1.4	0.1	-3.3	1.7
11:15	3695.4	1006.2	0.444	1.69	43.4	220.9	56.3	320.9	-0.6	1.0	0.3	-2.4	1.7
11:20	3692.3	1005.4	0.453	1.65	39.8	225.5	59.3	322.0	-0.5	0.8	0.4	-2.2	1.1
11:25	3688.6	1004.4	0.464	1.60	35.9	230.3	62.7	323.1	-0.5	1.0	0.6	-2.6	0.5
11:30	3684.4	1003.2	0.477	1.56	31.5	235.7	66.6	324.5	-0.5	0.6	0.7	-2.5	0.0
11:35	3679.2	1001.8	0.493	1.52	26.4	242.0	71.4	326.0	-0.5	0.5	0.7	-2.2	-0.3
11:40	3672.5	1000.0	0.515	1.48	20.1	249.9	77.3	327.7	-0.4	0.8	0.8	-1.5	-1.0
11:45	3662.0	997.2	0.550	1.43	10.6	262.0	86.3	330.2	-0.2	0.4	0.9	-1.7	-1.0

TABLE 7
MAPPING COORDINATES FOR THE UMBRAL PATH
TOTAL SOLAR ECLIPSE OF 2006 MARCH 29

Longitude	Latitude of:			Circumstances on the Central Line				
	Northern Limit	Southern Limit	Central Line	Universal Time h m s	Sun Alt °	Sun Azm. °	Path Width km	Central Durat.
037°00.0'W	05°41.81'S	06°51.86'S	06°16.96'S	08:35:27	0.3	86.6	128.9	01m54.0s
036°00.0'W	05°37.39'S	06°48.23'S	06°12.94'S	08:35:28	1.3	86.5	130.3	01m55.8s
035°00.0'W	05°32.36'S	06°44.01'S	06°08.32'S	08:35:32	2.3	86.4	131.7	01m57.6s
034°00.0'W	05°26.70'S	06°39.19'S	06°03.08'S	08:35:38	3.3	86.2	133.1	01m59.5s
033°00.0'W	05°20.40'S	06°33.74'S	05°57.21'S	08:35:46	4.3	86.1	134.5	02m01.4s
032°00.0'W	05°13.43'S	06°27.66'S	05°50.69'S	08:35:56	5.4	86.0	136.0	02m03.3s

- - - - - - - - - - - - - - Atlantic Ocean - - - - - - - - - - - - - - -

Longitude	Northern Limit	Southern Limit	Central Line	Universal Time	Sun Alt	Sun Azm.	Path Width	Central Durat.
005°00.0'W	03°47.79'N	01°53.67'N	02°50.25'N	09:01:28	39.2	87.9	179.8	03m14.5s
004°00.0'W	04°26.45'N	02°29.90'N	03°27.68'N	09:03:32	40.8	88.5	181.2	03m17.8s
003°00.0'W	05°06.97'N	03°07.91'N	04°06.92'N	09:05:42	42.3	89.2	182.5	03m21.2s
002°00.0'W	05°49.41'N	03°47.75'N	04°48.04'N	09:08:00	43.9	89.9	183.7	03m24.5s
001°00.0'W	06°33.81'N	04°29.47'N	05°31.09'N	09:10:25	45.5	90.8	184.8	03m27.8s
000°00.0'E	07°20.22'N	05°13.15'N	06°16.11'N	09:12:57	47.1	91.8	185.8	03m31.2s
001°00.0'E	08°08.69'N	05°58.81'N	07°03.17'N	09:15:37	48.7	92.9	186.6	03m34.4s
002°00.0'E	08°59.23'N	06°46.51'N	07°52.27'N	09:18:25	50.3	94.2	187.4	03m37.7s
003°00.0'E	09°51.84'N	07°36.28'N	08°43.46'N	09:21:20	52.0	95.7	188.0	03m40.9s
004°00.0'E	10°46.53'N	08°28.11'N	09°36.72'N	09:24:23	53.6	97.4	188.5	03m44.0s
005°00.0'E	11°43.24'N	09°22.03'N	10°32.03'N	09:27:34	55.2	99.3	188.8	03m47.0s
006°00.0'E	12°41.91'N	10°17.98'N	11°29.35'N	09:30:52	56.8	101.6	188.9	03m49.9s
007°00.0'E	13°42.43'N	11°15.91'N	12°28.60'N	09:34:18	58.4	104.1	189.0	03m52.6s
008°00.0'E	14°44.68'N	12°15.75'N	13°29.68'N	09:37:50	59.9	107.0	188.9	03m55.2s
009°00.0'E	15°48.48'N	13°17.36'N	14°32.42'N	09:41:28	61.3	110.3	188.6	03m57.5s
010°00.0'E	16°53.61'N	14°20.59'N	15°36.65'N	09:45:11	62.6	113.9	188.3	03m59.7s
011°00.0'E	17°59.84'N	15°25.24'N	16°42.14'N	09:48:58	63.8	118.0	187.8	04m01.5s
012°00.0'E	19°06.88'N	16°31.08'N	17°48.65'N	09:52:49	64.9	122.6	187.2	04m03.1s
013°00.0'E	20°14.45'N	17°37.85'N	18°55.88'N	09:56:43	65.8	127.5	186.6	04m04.5s
014°00.0'E	21°22.22'N	18°45.26'N	20°03.55'N	10:00:37	66.5	132.9	185.8	04m05.5s
015°00.0'E	22°29.90'N	19°53.00'N	21°11.32'N	10:04:32	66.9	138.5	185.0	04m06.2s
016°00.0'E	23°37.16'N	21°00.75'N	22°18.90'N	10:08:25	67.2	144.2	184.2	04m06.6s
017°00.0'E	24°43.73'N	22°08.22'N	23°25.98'N	10:12:16	67.3	150.1	183.3	04m06.7s
018°00.0'E	25°49.35'N	23°15.09'N	24°32.29'N	10:16:03	67.1	155.8	182.4	04m06.5s
019°00.0'E	26°53.78'N	24°21.10'N	25°37.56'N	10:19:46	66.7	161.4	181.5	04m06.0s
020°00.0'E	27°56.82'N	25°26.01'N	26°41.58'N	10:23:24	66.2	166.7	180.5	04m05.3s
021°00.0'E	28°58.33'N	26°29.61'N	27°44.16'N	10:26:56	65.4	171.6	179.6	04m04.3s
022°00.0'E	29°58.16'N	27°31.71'N	28°45.16'N	10:30:21	64.6	176.2	178.6	04m03.2s
023°00.0'E	30°56.24'N	28°32.19'N	29°44.45'N	10:33:40	63.7	180.5	177.7	04m01.8s
024°00.0'E	31°52.50'N	29°30.93'N	30°41.97'N	10:36:53	62.6	184.4	176.7	04m00.2s
025°00.0'E	32°46.91'N	30°27.87'N	31°37.65'N	10:39:58	61.6	188.0	175.8	03m58.5s
026°00.0'E	33°39.45'N	31°22.96'N	32°31.46'N	10:42:56	60.4	191.2	174.9	03m56.7s
027°00.0'E	34°30.13'N	32°16.18'N	33°23.41'N	10:45:47	59.3	194.3	174.0	03m54.7s
028°00.0'E	35°18.96'N	33°07.53'N	34°13.49'N	10:48:31	58.1	197.0	173.1	03m52.7s
029°00.0'E	36°05.99'N	33°57.02'N	35°01.74'N	10:51:08	56.9	199.6	172.2	03m50.6s
030°00.0'E	36°51.24'N	34°44.68'N	35°48.19'N	10:53:39	55.7	202.0	171.3	03m48.4s
031°00.0'E	37°34.77'N	35°30.56'N	36°32.89'N	10:56:03	54.5	204.2	170.4	03m46.1s
032°00.0'E	38°16.63'N	36°14.68'N	37°15.87'N	10:58:21	53.3	206.3	169.5	03m43.9s
033°00.0'E	38°56.87'N	36°57.11'N	37°57.19'N	11:00:33	52.1	208.3	168.7	03m41.6s
034°00.0'E	39°35.54'N	37°37.89'N	38°36.90'N	11:02:40	51.0	210.1	167.8	03m39.3s
035°00.0'E	40°12.71'N	38°17.09'N	39°15.07'N	11:04:41	49.8	211.9	167.0	03m36.9s
036°00.0'E	40°48.42'N	38°54.75'N	39°51.74'N	11:06:37	48.7	213.6	166.2	03m34.6s
037°00.0'E	41°22.73'N	39°30.93'N	40°26.98'N	11:08:28	47.6	215.2	165.4	03m32.3s
038°00.0'E	41°55.69'N	40°05.68'N	41°00.82'N	11:10:14	46.5	216.7	164.6	03m30.0s
039°00.0'E	42°27.36'N	40°39.07'N	41°33.34'N	11:11:56	45.4	218.2	163.8	03m27.7s
040°00.0'E	42°57.78'N	41°11.14'N	42°04.58'N	11:13:33	44.3	219.6	163.0	03m25.4s

Total Solar Eclipse of 2006 March 29

TABLE 7 *(continued)*

MAPPING COORDINATES FOR THE UMBRAL PATH
TOTAL SOLAR ECLIPSE OF 2006 MARCH 29

Longitude	Latitude of: Northern Limit	Latitude of: Southern Limit	Latitude of: Central Line	Circumstances on the Central Line: Universal Time h m s	Sun Alt °	Sun Azm. °	Path Width km	Central Durat.
041°00.0'E	43°27.01'N	41°41.95'N	42°34.58'N	11:15:07	43.3	221.0	162.2	03m23.1s
042°00.0'E	43°55.08'N	42°11.54'N	43°03.41'N	11:16:36	42.3	222.3	161.5	03m20.8s
043°00.0'E	44°22.05'N	42°39.95'N	43°31.09'N	11:18:02	41.3	223.6	160.7	03m18.6s
044°00.0'E	44°47.95'N	43°07.24'N	43°57.67'N	11:19:24	40.3	224.9	160.0	03m16.4s
045°00.0'E	45°12.82'N	43°33.45'N	44°23.21'N	11:20:43	39.3	226.1	159.2	03m14.2s
046°00.0'E	45°36.71'N	43°58.61'N	44°47.72'N	11:21:59	38.3	227.3	158.5	03m12.1s
047°00.0'E	45°59.65'N	44°22.77'N	45°11.26'N	11:23:11	37.4	228.5	157.8	03m09.9s
048°00.0'E	46°21.66'N	44°45.96'N	45°33.86'N	11:24:21	36.5	229.7	157.1	03m07.8s
049°00.0'E	46°42.80'N	45°08.22'N	45°55.55'N	11:25:28	35.5	230.8	156.4	03m05.8s
050°00.0'E	47°03.07'N	45°29.58'N	46°16.36'N	11:26:32	34.6	231.9	155.7	03m03.7s
051°00.0'E	47°22.52'N	45°50.07'N	46°36.33'N	11:27:33	33.7	233.0	155.0	03m01.7s
052°00.0'E	47°41.18'N	46°09.72'N	46°55.47'N	11:28:32	32.9	234.1	154.3	02m59.7s
053°00.0'E	47°59.06'N	46°28.56'N	47°13.83'N	11:29:29	32.0	235.1	153.6	02m57.8s
054°00.0'E	48°16.19'N	46°46.62'N	47°31.42'N	11:30:24	31.2	236.2	153.0	02m55.8s
055°00.0'E	48°32.61'N	47°03.92'N	47°48.27'N	11:31:16	30.3	237.2	152.3	02m53.9s
056°00.0'E	48°48.31'N	47°20.49'N	48°04.41'N	11:32:06	29.5	238.2	151.6	02m52.0s
057°00.0'E	49°03.34'N	47°36.34'N	48°19.84'N	11:32:55	28.7	239.2	151.0	02m50.2s
058°00.0'E	49°17.71'N	47°51.50'N	48°34.60'N	11:33:41	27.9	240.2	150.4	02m48.4s
059°00.0'E	49°31.44'N	48°05.99'N	48°48.71'N	11:34:26	27.1	241.2	149.7	02m46.6s
060°00.0'E	49°44.55'N	48°19.84'N	49°02.18'N	11:35:08	26.3	242.2	149.1	02m44.8s
061°00.0'E	49°57.04'N	48°33.05'N	49°15.03'N	11:35:49	25.5	243.1	148.4	02m43.1s
062°00.0'E	50°08.95'N	48°45.64'N	49°27.28'N	11:36:29	24.7	244.1	147.8	02m41.3s
063°00.0'E	50°20.29'N	48°57.64'N	49°38.94'N	11:37:07	24.0	245.0	147.2	02m39.7s
064°00.0'E	50°31.06'N	49°09.05'N	49°50.03'N	11:37:43	23.2	246.0	146.6	02m38.0s
065°00.0'E	50°41.28'N	49°19.89'N	50°00.56'N	11:38:18	22.5	246.9	146.0	02m36.3s
066°00.0'E	50°50.98'N	49°30.18'N	50°10.55'N	11:38:51	21.7	247.8	145.4	02m34.7s
067°00.0'E	51°00.15'N	49°39.93'N	50°20.00'N	11:39:23	21.0	248.7	144.8	02m33.1s
068°00.0'E	51°08.81'N	49°49.15'N	50°28.94'N	11:39:53	20.3	249.7	144.2	02m31.5s
069°00.0'E	51°16.97'N	49°57.86'N	50°37.37'N	11:40:23	19.6	250.6	143.6	02m30.0s
070°00.0'E	51°24.65'N	50°06.05'N	50°45.31'N	11:40:51	18.8	251.5	143.0	02m28.4s
071°00.0'E	51°31.85'N	50°13.76'N	50°52.76'N	11:41:17	18.1	252.4	142.4	02m26.9s
072°00.0'E	51°38.57'N	50°20.98'N	50°59.73'N	11:41:43	17.4	253.2	141.8	02m25.4s
073°00.0'E	51°44.84'N	50°27.73'N	51°06.23'N	11:42:07	16.7	254.1	141.2	02m23.9s
074°00.0'E	51°50.66'N	50°34.01'N	51°12.28'N	11:42:30	16.1	255.0	140.6	02m22.5s
075°00.0'E	51°56.04'N	50°39.83'N	51°17.88'N	11:42:52	15.4	255.9	140.0	02m21.0s
076°00.0'E	52°00.98'N	50°45.21'N	51°23.04'N	11:43:13	14.7	256.8	139.4	02m19.6s
077°00.0'E	52°05.50'N	50°50.15'N	51°27.76'N	11:43:33	14.0	257.6	138.8	02m18.2s
078°00.0'E	52°09.59'N	50°54.65'N	51°32.06'N	11:43:52	13.3	258.5	138.3	02m16.8s
079°00.0'E	52°13.27'N	50°58.73'N	51°35.93'N	11:44:10	12.7	259.3	137.7	02m15.4s
080°00.0'E	52°16.54'N	51°02.39'N	51°39.40'N	11:44:27	12.0	260.2	137.1	02m14.1s
081°00.0'E	52°19.41'N	51°05.63'N	51°42.45'N	11:44:43	11.3	261.0	136.5	02m12.7s
082°00.0'E	52°21.88'N	51°08.47'N	51°45.11'N	11:44:58	10.7	261.9	135.9	02m11.4s
083°00.0'E	52°23.96'N	51°10.91'N	51°47.36'N	11:45:12	10.0	262.7	135.4	02m10.1s
084°00.0'E	52°25.66'N	51°12.96'N	51°49.23'N	11:45:25	9.4	263.6	134.8	02m08.8s
085°00.0'E	52°26.97'N	51°14.61'N	51°50.71'N	11:45:37	8.7	264.4	134.2	02m07.5s
086°00.0'E	52°27.91'N	51°15.88'N	51°51.82'N	11:45:48	8.1	265.2	133.6	02m06.2s
087°00.0'E	52°28.48'N	51°16.77'N	51°52.54'N	11:45:58	7.4	266.0	133.0	02m05.0s
088°00.0'E	52°28.67'N	51°17.29'N	51°52.89'N	11:46:08	6.8	266.9	132.5	02m03.8s
089°00.0'E	52°28.50'N	51°17.43'N	51°52.88'N	11:46:16	6.2	267.7	131.9	02m02.5s
090°00.0'E	52°27.98'N	51°17.20'N	51°52.50'N	11:46:24	5.5	268.5	131.3	02m01.3s
091°00.0'E	52°27.09'N	51°16.61'N	51°51.76'N	11:46:31	4.9	269.3	130.7	02m00.1s
092°00.0'E	52°25.85'N	51°15.67'N	51°50.66'N	11:46:37	4.3	270.1	130.2	01m58.9s
093°00.0'E	52°24.26'N	51°14.36'N	51°49.21'N	11:46:42	3.6	270.9	129.6	01m57.7s
094°00.0'E	52°22.32'N	51°12.70'N	51°47.41'N	11:46:46	3.0	271.7	129.0	01m56.6s
095°00.0'E	52°20.03'N	51°10.69'N	51°45.26'N	11:46:50	2.4	272.5	128.4	01m55.4s
096°00.0'E	52°17.41'N	51°08.33'N	51°42.77'N	11:46:52	1.7	273.3	127.8	01m54.3s

TABLE 8
MAPPING COORDINATES FOR THE ZONES OF GRAZING ECLIPSE
TOTAL SOLAR ECLIPSE OF 2006 MARCH 29

Longitude	North Graze Zone Latitudes		Northern Limit	South Graze Zone Latitudes		Southern Limit .	Path Azm °	Elev Fact	Scale Fact km/"
	Northern Limit	Southern Limit	Universal Time h m s	Northern Limit	Southern Limit	Universal Time h m s			
036°00.0'W	05°36.71'S	05°37.74'S	08:35:56	06°48.24'S	06°48.24'S	08:35:02	85.7	-0.61	2.05
035°00.0'W	05°31.66'S	05°32.70'S	08:35:59	06°44.02'S	06°44.02'S	08:35:05	85.5	-0.36	1.86
034°00.0'W	05°25.96'S	05°27.05'S	08:36:06	06°39.19'S	06°39.19'S	08:35:10	84.9	-0.42	1.89
033°00.0'W	05°19.62'S	05°20.75'S	08:36:15	06°33.74'S	06°33.74'S	08:35:18	84.1	-0.46	1.92
032°00.0'W	05°12.61'S	05°13.78'S	08:36:27	06°27.65'S	06°27.66'S	08:35:27	83.5	-0.47	1.93
- - - - - - - - - - - - - - - Atlantic Ocean - - - - - - - - - - - - - - -									
005°00.0'W	03°49.36'N	03°47.17'N	09:03:00	01°53.68'N	01°50.43'N	09:00:00	58.6	-0.60	2.04
004°00.0'W	04°27.97'N	04°25.76'N	09:05:08	02°29.83'N	02°26.43'N	09:02:00	57.4	-0.60	2.04
003°00.0'W	05°08.36'N	05°06.20'N	09:07:23	03°07.79'N	03°04.23'N	09:04:06	56.1	-0.60	2.04
002°00.0'W	05°50.59'N	05°48.55'N	09:09:45	03°47.61'N	03°43.93'N	09:06:19	54.9	-0.60	2.03
001°00.0'W	06°34.97'N	06°32.88'N	09:12:15	04°29.31'N	04°25.38'N	09:08:39	53.6	-0.59	2.03
000°00.0'E	07°21.52'N	07°19.22'N	09:14:52	05°12.95'N	05°08.74'N	09:11:07	52.3	-0.59	2.03
001°00.0'E	08°10.04'N	08°07.50'N	09:17:37	05°58.58'N	05°54.15'N	09:13:42	51.1	-0.59	2.02
002°00.0'E	09°00.59'N	08°57.96'N	09:20:29	06°46.22'N	06°41.66'N	09:16:25	49.8	-0.58	2.02
003°00.0'E	09°53.21'N	09°50.51'N	09:23:30	07°35.94'N	07°31.30'N	09:19:15	48.6	-0.57	2.01
004°00.0'E	10°47.94'N	10°45.12'N	09:26:38	08°27.73'N	08°23.08'N	09:22:13	47.5	-0.56	2.00
005°00.0'E	11°44.71'N	11°41.77'N	09:29:53	09°21.58'N	09°16.99'N	09:25:19	46.3	-0.55	2.00
006°00.0'E	12°43.38'N	12°40.38'N	09:33:16	10°17.48'N	10°13.01'N	09:28:33	45.2	-0.54	1.99
007°00.0'E	13°43.87'N	13°40.84'N	09:36:45	11°15.36'N	11°11.05'N	09:31:53	44.2	-0.53	1.98
008°00.0'E	14°46.09'N	14°42.92'N	09:40:21	12°15.14'N	12°10.93'N	09:35:21	43.3	-0.52	1.97
009°00.0'E	15°49.95'N	15°46.68'N	09:44:02	13°16.70'N	13°12.58'N	09:38:56	42.4	-0.51	1.96
010°00.0'E	16°55.12'N	16°51.78'N	09:47:48	14°19.87'N	14°15.92'N	09:42:36	41.7	-0.49	1.95
011°00.0'E	18°01.36'N	17°57.98'N	09:51:37	15°24.48'N	15°20.66'N	09:46:21	41.0	-0.48	1.94
012°00.0'E	19°08.41'N	19°05.00'N	09:55:29	16°30.28'N	16°26.45'N	09:50:11	40.5	-0.46	1.93
013°00.0'E	20°15.97'N	20°12.56'N	09:59:22	17°37.02'N	17°33.19'N	09:54:04	40.1	-0.45	1.91
014°00.0'E	21°23.74'N	21°20.30'N	10:03:16	18°44.41'N	18°40.58'N	09:57:58	39.8	-0.43	1.90
015°00.0'E	22°31.40'N	22°27.96'N	10:07:08	19°52.14'N	19°48.31'N	10:01:54	39.6	-0.42	1.89
016°00.0'E	23°38.66'N	23°35.24'N	10:10:59	20°59.88'N	20°56.18'N	10:05:49	39.5	-0.41	1.89
017°00.0'E	24°45.22'N	24°41.84'N	10:14:46	22°07.36'N	22°03.67'N	10:09:43	39.5	-0.39	1.88
018°00.0'E	25°50.82'N	25°47.48'N	10:18:29	23°14.25'N	23°10.57'N	10:13:34	39.7	-0.38	1.87
019°00.0'E	26°55.22'N	26°51.95'N	10:22:07	24°20.30'N	24°16.64'N	10:17:21	39.9	-0.37	1.86
020°00.0'E	27°58.21'N	27°55.04'N	10:25:40	25°25.25'N	25°21.58'N	10:21:04	40.3	-0.36	1.85
021°00.0'E	28°59.70'N	28°56.58'N	10:29:06	26°28.88'N	26°25.10'N	10:24:41	40.7	-0.34	1.85
022°00.0'E	29°59.57'N	29°56.47'N	10:32:26	27°31.10'N	27°27.25'N	10:28:13	41.2	-0.34	1.84
023°00.0'E	30°57.67'N	30°54.61'N	10:35:39	28°31.63'N	28°27.63'N	10:31:38	41.7	-0.33	1.84
024°00.0'E	31°53.90'N	31°50.93'N	10:38:45	29°30.42'N	29°26.24'N	10:34:56	42.4	-0.32	1.83
025°00.0'E	32°48.25'N	32°45.40'N	10:41:44	30°27.41'N	30°23.09'N	10:38:07	43.0	-0.31	1.83
026°00.0'E	33°40.68'N	33°38.01'N	10:44:35	31°22.55'N	31°18.11'N	10:41:11	43.7	-0.30	1.83
027°00.0'E	34°31.38'N	34°28.75'N	10:47:20	32°15.81'N	32°11.32'N	10:44:09	44.5	-0.30	1.82
028°00.0'E	35°20.21'N	35°17.66'N	10:49:58	33°07.20'N	33°02.70'N	10:46:59	45.3	-0.29	1.82
029°00.0'E	36°07.17'N	36°04.65'N	10:52:30	33°56.73'N	33°52.26'N	10:49:42	46.1	-0.29	1.82
030°00.0'E	36°52.33'N	36°49.98'N	10:54:55	34°44.53'N	34°40.05'N	10:52:18	46.9	-0.29	1.82
031°00.0'E	37°35.73'N	37°33.58'N	10:57:14	35°30.44'N	35°26.09'N	10:54:48	47.7	-0.28	1.82
032°00.0'E	38°17.72'N	38°15.51'N	10:59:27	36°14.59'N	36°10.43'N	10:57:12	48.6	-0.28	1.82
033°00.0'E	38°58.11'N	38°55.82'N	11:01:34	36°57.04'N	36°53.11'N	10:59:29	49.4	-0.28	1.81
034°00.0'E	39°36.89'N	39°34.56'N	11:03:36	37°37.85'N	37°33.95'N	11:01:40	50.3	-0.28	1.81
035°00.0'E	40°14.11'N	40°11.79'N	11:05:33	38°17.06'N	38°13.24'N	11:03:46	51.2	-0.28	1.81
036°00.0'E	40°49.83'N	40°47.57'N	11:07:24	38°54.73'N	38°51.04'N	11:05:46	52.0	-0.28	1.81
037°00.0'E	41°24.11'N	41°21.94'N	11:09:11	39°30.98'N	39°27.40'N	11:07:42	52.9	-0.28	1.81
038°00.0'E	41°57.01'N	41°54.97'N	11:10:53	40°05.80'N	40°02.37'N	11:09:32	53.8	-0.28	1.81
039°00.0'E	42°28.59'N	42°26.70'N	11:12:31	40°39.24'N	40°36.01'N	11:11:18	54.6	-0.28	1.81
040°00.0'E	42°58.89'N	42°57.19'N	11:14:05	41°11.37'N	41°08.36'N	11:12:59	55.5	-0.28	1.81

Total Solar Eclipse of 2006 March 29

TABLE 8 (continued)
MAPPING COORDINATES FOR THE ZONES OF GRAZING ECLIPSE
TOTAL SOLAR ECLIPSE OF 2006 MARCH 29

Longitude	North Graze Zone Latitudes		Northern Limit	South Graze Zone Latitudes		Southern Limit	Path Azm °	Elev Fact	Scale Fact km/"
	Northern Limit	Southern Limit	Universal Time h m s	Northern Limit	Southern Limit	Universal Time h m s			
041°00.0'E	43°27.97'N	43°26.48'N	11:15:35	41°42.25'N	41°39.43'N	11:14:36	56.4	-0.28	1.81
042°00.0'E	43°55.87'N	43°54.61'N	11:17:01	42°11.88'N	42°09.34'N	11:16:08	57.2	-0.28	1.82
043°00.0'E	44°22.69'N	44°21.59'N	11:18:24	42°40.34'N	42°38.07'N	11:17:37	58.1	-0.28	1.82
044°00.0'E	44°48.71'N	44°47.48'N	11:19:43	43°07.67'N	43°05.16'N	11:19:03	58.9	-0.29	1.82
045°00.0'E	45°13.68'N	45°12.35'N	11:20:59	43°33.91'N	43°31.19'N	11:20:24	59.7	-0.29	1.82
046°00.0'E	45°37.64'N	45°36.23'N	11:22:13	43°59.11'N	43°56.22'N	11:21:43	60.6	-0.29	1.82
047°00.0'E	46°00.61'N	45°59.16'N	11:23:23	44°23.30'N	44°20.28'N	11:22:58	61.4	-0.29	1.82
048°00.0'E	46°22.64'N	46°21.18'N	11:24:30	44°46.52'N	44°43.41'N	11:24:10	62.2	-0.29	1.82
049°00.0'E	46°43.75'N	46°42.31'N	11:25:34	45°08.80'N	45°05.63'N	11:25:19	63.0	-0.30	1.82
050°00.0'E	47°03.99'N	47°02.58'N	11:26:36	45°30.18'N	45°26.98'N	11:26:25	63.8	-0.30	1.82
051°00.0'E	47°23.38'N	47°22.03'N	11:27:36	45°50.69'N	45°47.48'N	11:27:29	64.6	-0.30	1.83
052°00.0'E	47°41.95'N	47°40.69'N	11:28:33	46°10.37'N	46°07.17'N	11:28:30	65.4	-0.31	1.83
053°00.0'E	47°59.74'N	47°58.57'N	11:29:28	46°29.23'N	46°26.07'N	11:29:29	66.2	-0.31	1.83
054°00.0'E	48°16.76'N	48°15.71'N	11:30:21	46°47.30'N	46°44.14'N	11:30:25	67.0	-0.31	1.83
055°00.0'E	48°33.04'N	48°32.12'N	11:31:12	47°04.61'N	47°01.45'N	11:31:19	67.7	-0.31	1.83
056°00.0'E	48°48.59'N	48°47.83'N	11:32:00	47°21.19'N	47°18.05'N	11:32:11	68.5	-0.32	1.83
057°00.0'E	49°03.57'N	49°02.87'N	11:32:47	47°37.06'N	47°33.96'N	11:33:01	69.3	-0.32	1.83
058°00.0'E	49°17.99'N	49°17.24'N	11:33:32	47°52.23'N	47°49.20'N	11:33:48	70.0	-0.32	1.84
059°00.0'E	49°31.86'N	49°30.97'N	11:34:15	48°06.73'N	48°03.78'N	11:34:34	70.8	-0.33	1.84
060°00.0'E	49°45.07'N	49°44.09'N	11:34:57	48°20.58'N	48°17.72'N	11:35:18	71.5	-0.33	1.84
061°00.0'E	49°57.67'N	49°56.59'N	11:35:37	48°33.80'N	48°30.97'N	11:36:00	72.2	-0.33	1.84
062°00.0'E	50°09.65'N	50°08.50'N	11:36:15	48°46.40'N	48°43.63'N	11:36:41	73.0	-0.34	1.84
063°00.0'E	50°21.05'N	50°19.85'N	11:36:52	48°58.46'N	48°55.66'N	11:37:20	73.7	-0.34	1.84
064°00.0'E	50°31.86'N	50°30.66'N	11:37:27	49°09.88'N	49°07.16'N	11:37:57	74.4	-0.34	1.85
065°00.0'E	50°42.12'N	50°40.89'N	11:38:01	49°20.73'N	49°18.11'N	11:38:33	75.1	-0.35	1.85
066°00.0'E	50°51.83'N	50°50.59'N	11:38:33	49°31.02'N	49°28.51'N	11:39:07	75.8	-0.35	1.85
067°00.0'E	51°01.01'N	50°59.77'N	11:39:05	49°40.77'N	49°38.38'N	11:39:40	76.5	-0.35	1.85
068°00.0'E	51°09.67'N	51°08.43'N	11:39:34	49°50.00'N	49°47.74'N	11:40:11	77.2	-0.36	1.85
069°00.0'E	51°17.82'N	51°16.60'N	11:40:03	49°58.70'N	49°56.59'N	11:40:41	77.9	-0.36	1.86
070°00.0'E	51°25.47'N	51°24.29'N	11:40:30	50°06.90'N	50°04.94'N	11:41:10	78.5	-0.36	1.86
071°00.0'E	51°32.64'N	51°31.49'N	11:40:56	50°14.61'N	50°12.81'N	11:41:37	79.2	-0.36	1.86
072°00.0'E	51°39.32'N	51°38.23'N	11:41:21	50°21.83'N	50°20.20'N	11:42:03	79.9	-0.37	1.86
073°00.0'E	51°45.54'N	51°44.51'N	11:41:45	50°28.58'N	50°27.14'N	11:42:28	80.5	-0.37	1.86
074°00.0'E	51°51.30'N	51°50.34'N	11:42:08	50°34.86'N	50°33.35'N	11:42:52	81.2	-0.37	1.87
075°00.0'E	51°56.63'N	51°55.72'N	11:42:29	50°40.69'N	50°38.99'N	11:43:15	81.8	-0.38	1.87
076°00.0'E	52°01.53'N	52°00.67'N	11:42:50	50°46.06'N	50°44.19'N	11:43:36	82.5	-0.38	1.87
077°00.0'E	52°06.01'N	52°05.19'N	11:43:09	50°51.00'N	50°48.97'N	11:43:56	83.1	-0.38	1.87
078°00.0'E	52°10.05'N	52°09.29'N	11:43:28	50°55.50'N	50°53.33'N	11:44:16	83.8	-0.39	1.87
079°00.0'E	52°13.72'N	52°12.98'N	11:43:46	50°59.58'N	50°57.27'N	11:44:34	84.4	-0.39	1.88
080°00.0'E	52°16.99'N	52°16.26'N	11:44:02	51°03.24'N	51°00.80'N	11:44:51	85.0	-0.39	1.88
081°00.0'E	52°19.85'N	52°19.14'N	11:44:18	51°06.49'N	51°03.93'N	11:45:07	85.6	-0.40	1.88
082°00.0'E	52°22.30'N	52°21.62'N	11:44:32	51°09.33'N	51°06.67'N	11:45:22	86.2	-0.40	1.88
083°00.0'E	52°24.36'N	52°23.71'N	11:44:46	51°11.76'N	51°09.01'N	11:45:36	86.8	-0.40	1.88
084°00.0'E	52°26.05'N	52°25.41'N	11:44:59	51°13.81'N	51°10.96'N	11:45:50	87.4	-0.41	1.89
085°00.0'E	52°27.40'N	52°26.73'N	11:45:11	51°15.46'N	51°12.54'N	11:46:02	88.0	-0.41	1.89
086°00.0'E	52°28.37'N	52°27.68'N	11:45:22	51°16.73'N	51°13.74'N	11:46:13	88.6	-0.42	1.89
087°00.0'E	52°28.97'N	52°28.25'N	11:45:32	51°17.62'N	51°14.56'N	11:46:23	89.2	-0.42	1.89
088°00.0'E	52°29.19'N	52°28.46'N	11:45:42	51°18.13'N	51°15.01'N	11:46:33	89.8	-0.42	1.90
089°00.0'E	52°29.04'N	52°28.30'N	11:45:50	51°18.28'N	51°15.08'N	11:46:42	90.3	-0.43	1.90
090°00.0'E	52°28.54'N	52°27.77'N	11:45:58	51°18.10'N	51°14.67'N	11:46:49	90.9	-0.43	1.91
091°00.0'E	52°27.67'N	52°26.89'N	11:46:05	51°16.53'N	51°16.53'N	11:46:57	91.5	-0.44	1.91
092°00.0'E	52°26.45'N	52°25.66'N	11:46:11	51°15.67'N	51°15.67'N	11:47:02	92.1	-0.46	1.92
093°00.0'E	52°24.88'N	52°24.08'N	11:46:16	51°14.36'N	51°14.36'N	11:47:07	92.7	-0.49	1.94
094°00.0'E	52°22.94'N	52°22.13'N	11:46:20	51°12.71'N	51°12.71'N	11:47:11	93.5	-0.58	2.02
095°00.0'E	52°20.65'N	52°19.84'N	11:46:24	51°10.69'N	51°10.69'N	11:47:15	94.0	-0.62	2.05

F. Espenak and J. Anderson

TABLE 9
LOCAL CIRCUMSTANCES FOR BRAZIL AND ATLANTIC OCEAN
TOTAL SOLAR ECLIPSE OF 2006 MARCH 29

Location Name	Latitude	Longitude	Elev. m	First Contact U.T. h m s	P °	V °	Alt °	Second Contact U.T. h m s	P °	V °	Third Contact U.T. h m s	P °	V °	Fourth Contact U.T. h m s	P °	V °	Alt °	Maximum Eclipse U.T. h m s	P °	V °	Alt °	Azm °	Eclip. Mag.	Eclip. Obs.	Umbral Depth	Umbral Durat.
BRAZIL																										
Belém	01°27'S	048°29'W	13	—				—			—			09:34:22.2	69	160	4	09:18 Rise	—	—	0	87	0.296	0.186		
Belo Horizonte	19°55'S	043°56'W	—	—				—			—			09:19:09.6	36	146	3	09:04 Rise	—	—	0	87	0.241	0.138		
Brasília	15°47'S	047°55'W	1061	—				—			—			09:23:28.8	44	150	1	09:19 Rise	—	—	0	87	0.077	0.026		
Fortaleza	03°43'S	038°30'W	—	—				—			—			09:34:56.5	63	157	14	08:39 Rise	—	—	0	87	0.936	0.928		
Icoraci	01°18'S	048°28'W	—	—				—			—			09:34:27.9	69	161	4	09:18 Rise	—	—	0	87	0.299	0.189		
Natal	05°47'S	035°13'W	16	—				08:35:02.0	21	116	08:36:33.7	278	14	09:34:31.9	58	155	17	08:35:47.7	149	245	2	86	1.036	1.000	0.376	01m32s
Recife	08°03'S	034°54'W	30	—				—			—			09:32:36.6	54	154	16	08:34:08.9	329	67	2	86	0.960	0.958		
Rio de Janeiro	22°54'S	043°14'W	61	—				—			—			09:15:34.0	29	142	3	09:02 Rise	—	—	0	86	0.202	0.106		
Salvador	12°59'S	038°31'W	47	—				—			—			09:26:50.9	47	151	11	08:41 Rise	—	—	0	87	0.750	0.692		
AZORES																										
Ponta Delgada	37°44'N	025°40'W	36	09:11:17.4	175	226	19	—			—			10:16:20.4	114	162	31	09:43:12.8	144	194	25	106	0.132	0.057		
CANARY ISLANDS																										
Las Palmas G.Ca*	28°07'N	015°28'W	6	08:42:59.9	193	254	23	—			—			10:30:43.5	90	142	45	09:34:58.1	142	200	34	106	0.367	0.255		
Santa Cruz Tene*	28°25'N	016°16'W	—	08:43:43.0	193	253	22	—			—			10:29:15.8	91	144	44	09:34:39.9	142	200	33	106	0.353	0.241		
CAPE VERDE																										
Praia	14°55'N	023°31'W	34	08:10:08.4	208	283	9	—			—			10:03:23.6	82	156	36	09:04:10.3	145	220	21	92	0.530	0.429		

TABLE 10
LOCAL CIRCUMSTANCES FOR AFRICA — ALGERIA TO COTE D'IVOIRE
TOTAL SOLAR ECLIPSE OF 2006 MARCH 29

Location Name	Latitude	Longitude	Elev. m	First Contact U.T. h m s	P °	V °	Alt °	Second Contact U.T. h m s	P °	V °	Third Contact U.T. h m s	P °	V °	Fourth Contact U.T. h m s	P °	V °	Alt °	Maximum Eclipse U.T. h m s	P °	V °	Alt °	Azm °	Eclip. Mag.	Eclip. Obs.	Umbral Depth	Umbral Durat.
ALGERIA																										
Algiers	36°47'N	003°03'E	59	09:10:37.8	199	242	40	—			—			11:22:22.8	77	88	56	10:15:07.0	138	169	50	140	0.515	0.413		
Annaba	36°54'N	007°46'E	20	09:13:31.1	204	243	44	—			—			11:32:57.7	72	72	57	10:22:02.8	137	161	53	150	0.595	0.506		
Constantine	36°22'N	006°37'E	—	09:11:32.5	203	244	43	—			—			11:30:02.9	72	75	57	10:19:30.3	137	164	52	147	0.583	0.492		
ANGOLA																										
Luanda	08°48'S	013°14'E	59	08:05:06.0	264	9	42	—			—			10:08:00.6	6	134	70	09:04:25.1	315	66	56	70	0.407	0.296		
BENIN																										
Abomey	07°11'N	001°59'E	—	08:05:02.2	230	314	32	09:15:42.4	85	168	09:18:33.8	189	272	10:36:29.6	44	122	70	09:17:07.8	317	40	50	93	1.049	1.000	0.386	02m51s
Cotonou	06°21'N	002°26'E	—	08:04:06.7	231	316	32	—			—			10:35:32.8	42	123	70	09:16:11.9	317	41	50	92	0.982	0.986		
Parakou	09°21'N	002°37'E	—	08:09:10.2	228	309	34	09:21:01.6	348	68	09:22:58.6	284	3	10:41:55.8	45	116	71	09:21:59.9	136	216	52	96	1.049	1.000	0.153	01m57s
Porto-Novo	06°29'N	002°37'E	—	08:04:28.6	231	316	33	—			—			10:36:07.5	42	122	70	09:16:40.8	317	41	51	93	0.982	0.985		
BURKINA FASO																										
Ouagadougou	12°22'N	001°31'W	—	08:11:35.8	221	299	30	—			—			10:39:48.5	54	122	66	09:22:10.4	138	213	47	99	0.864	0.839		
BURUNDI																										
Bujumbura	03°23'S	029°22'E	—	08:53:37.1	280	30	70	—			—			10:23:12.3	343	194	82	09:37:48.4	311	84	80	48	0.155	0.073		
CAMEROON																										
Yaoundé	03°52'N	011°31'E	770	08:10:54.5	242	330	43	—			—			10:43:09.4	27	113	81	09:24:01.2	314	42	61	90	0.744	0.688		
CENTRAL AFRICAN REPUBLIC																										
Bangui	04°22'N	018°35'E	387	08:23:39.4	249	336	53	—			—			10:52:08.0	17	353	89	09:35:39.8	312	39	71	92	0.593	0.504		
CHAD																										
Ndjamena	12°07'N	015°03'E	295	08:28:23.4	235	310	50	—			—			11:08:30.0	32	25	81	09:45:58.6	313	18	69	113	0.842	0.811		
CONGO																										
Brazzaville	04°16'S	015°17'E	318	08:10:10.5	258	358	46	—			—			10:23:20.4	10	137	77	09:14:27.1	314	59	62	75	0.473	0.367		
Pointe-Noire	04°48'S	011°51'E	50	08:03:37.9	255	355	41	—			—			10:19:37.3	15	134	73	09:08:59.7	315	59	57	76	0.534	0.435		
COTE D'IVOIRE																										
Abidjan	05°19'N	004°02'W	20	07:57:51.0	229	315	24	—			—			10:22:46.8	49	134	60	09:06:32.3	139	225	42	90	0.979	0.982		
Bouaké	07°41'N	005°02'W	364	08:01:03.9	225	308	24	—			—			10:25:12.5	53	134	60	09:09:24.4	139	222	41	92	0.908	0.895		
Yamoussoukro	06°49'N	005°17'W	—	07:59:30.4	226	310	24	—			—			10:23:17.9	52	135	59	09:07:39.2	139	223	41	91	0.925	0.916		

Total Solar Eclipse of 2006 March 29

TABLE 11
LOCAL CIRCUMSTANCES FOR AFRICA – DEM. REP. OF THE CONGO TO MALI
TOTAL SOLAR ECLIPSE OF 2006 MARCH 29

Location Name	Latitude	Longitude	Elev. m	First Contact U.T. h m s	P °	V °	Alt °	Second Contact U.T. h m s	P °	V °	Alt °	Third Contact U.T. h m s	P °	V °	Alt °	Fourth Contact U.T. h m s	P °	V °	Alt °	Maximum Eclipse U.T. h m s	P °	V °	Alt °	Azm °	Eclip. Mag.	Eclip. Obs.	Umbral Depth	Umbral Durat.
DEMOCRATIC REPUBLIC OF THE CONGO																												
Kananga	05°54'S	022°25'E	–	08:27:55.8	271	17	57	–				–				10:18:14.7	354	150	80	09:21:47.4	312	69	69	64	0.270	0.164		
Kinshasa	04°18'S	015°18'E	–	08:10:11.9	258	358	46	–				–				10:23:14.7	10	137	77	09:14:25.3	314	59	62	75	0.472	0.366		
Kisangani	00°30'S	025°12'E	–	08:36:52.2	266	3	63	–				–				10:38:43.1	358	221	85	09:36:31.1	311	59	78	72	0.324	0.213		
Mbuji-Mayi	06°09'S	023°38'E	–	08:32:03.4	273	21	59	–				–				10:16:32.5	351	151	80	09:23:10.8	312	72	71	61	0.235	0.134		
DJIBOUTI																												
Djibouti	11°36'N	043°09'E	7	09:50:36.5	281	232	77	–				–				11:23:34.5	348	274	56	10:37:28.2	314	246	67	250	0.163	0.078		
EGYPT																												
Alexandria	31°12'N	029°54'E	32	09:27:09.8	231	248	61	–				–				12:06:10.4	41	359	50	10:47:14.4	316	297	61	202	0.919	0.909		
As-Sallum	31°34'N	025°09'E	–	09:20:09.9	226	252	58	10:38:08.9	55	49		10:42:03.9	216	208		11:59:59.4	46	10	54	10:40:06.5	316	308	62	188	1.051	1.000	0.830	03m55s
Asyut	27°11'N	031°11'E	–	09:23:16.2	237	257	65	–				–				12:01:56.3	34	346	52	10:43:08.1	315	293	64	205	0.799	0.757		
Bahtim	30°08'N	031°17'E	–	09:27:56.8	234	249	62	–				–				12:06:32.0	38	353	50	10:47:55.7	316	294	61	205	0.867	0.843		
Bur Said	31°16'N	032°18'E	–	09:31:31.2	234	245	62	–				–				12:09:16.4	39	354	48	10:51:14.8	316	292	59	208	0.874	0.853		
Cairo	30°03'N	031°15'E	116	09:27:45.5	234	249	62	–				–				12:06:22.7	38	353	50	10:47:45.0	316	294	61	205	0.865	0.841		
Sidi Barrani	31°36'N	025°55'E	–	09:21:22.9	227	252	58	10:40:04.0	94	85		10:42:43.0	177	168		12:01:09.6	46	8	53	10:41:23.6	316	306	61	191	1.051	1.000	0.255	02m39s
Suez	29°58'N	032°33'E	–	09:30:04.3	236	248	63	–				–				12:07:50.3	37	351	49	10:49:47.0	316	291	60	209	0.838	0.807		
EQUATORIAL GUINEA																												
Malabo, Bioko	03°45'N	008°47'E	–	08:07:05.3	240	328	39	–				–				10:39:18.8	30	118	77	09:19:56.9	315	43	58	90	0.799	0.757		
ERITREA																												
Asmera	15°20'N	038°53'E	2325	09:31:39.5	264	262	78	–				–				11:39:16.9	4	296	56	10:36:00.1	314	261	70	236	0.347	0.236		
ETHIOPIA																												
Addis Abeba	09°02'N	038°42'E	2450	09:30:56.1	276	273	84	–				–				11:13:59.9	350	274	64	10:22:33.5	313	246	76	247	0.201	0.106		
GABON																												
Libreville	00°23'N	009°27'E	35	08:04:02.6	245	337	39	–				–				10:31:40.4	25	127	76	09:14:43.7	315	49	57	84	0.708	0.643		
GAMBIA																												
Banjul	13°28'N	016°39'W	–	08:07:50.2	212	289	15	–				–				10:12:50.7	73	148	45	09:07:15.9	143	219	29	94	0.627	0.543		
GHANA																												
Accra	05°33'N	000°13'W	27	08:00:45.0	231	316	29	09:09:56.6	79	165		09:12:54.9	196	281		10:29:33.1	45	129	66	09:11:25.5	318	43	47	91	1.048	1.000	0.472	02m58s
Cape Coast	05°05'N	001°15'W	–	07:59:17.9	231	317	28	09:07:42.2	62	149		09:11:02.6	214	300		10:26:56.5	45	131	64	09:09:22.1	318	44	45	90	1.048	1.000	0.754	03m20s
Koforidua	06°03'N	000°17'W	–	08:01:27.9	230	315	29	09:10:25.1	48	133		09:13:58.6	227	312		10:30:25.1	45	128	66	09:12:13.2	318	42	47	91	1.048	1.000	0.997	03m30s
Kumasi	06°41'N	001°35'W	287	08:01:31.9	228	313	28	–				–				10:29:25.3	48	129	64	09:11:44.4	138	222	45	92	0.987	0.991		
Obuasi	06°14'N	001°59'W	–	08:00:28.7	229	314	28	–				–				10:10:52.6	47	130	64	09:10:52.6	138	223	45	91	0.996	0.998		
Sekondi-Takoradi	04°59'N	001°43'W	–	07:58:49.5	231	317	27	09:06:56.3	49	136		09:10:21.7	227	314		10:25:59.1	46	131	64	09:08:38.7	318	45	44	90	1.048	1.000	0.982	03m25s
Tafo	06°13'N	000°22'W	–	08:01:39.7	230	315	29	09:10:42.4	35	120		09:14:07.5	240	325		10:30:36.1	46	128	66	09:12:24.6	138	222	47	92	1.048	1.000	0.785	03m25s
Tema	05°38'N	000°01'E	–	08:01:03.1	231	316	29	09:10:28.7	86	171		09:13:14.7	190	275		10:30:06.1	44	128	66	09:11:51.5	317	43	47	91	1.048	1.000	0.384	02m46s
Teshi	05°35'N	000°05'W	–	08:00:54.1	231	316	29	09:10:14.3	84	169		09:13:03.9	191	277		10:29:50.3	44	128	66	09:11:38.8	318	43	47	91	1.048	1.000	0.408	02m50s
GUINEA																												
Conakry	09°31'N	013°43'W	7	08:00:52.4	219	300	16	–				–				10:12:55.8	65	145	48	09:03:28.0	142	223	31	92	0.748	0.692		
GUINEA-BISSAU																												
Bissau	11°51'N	015°35'W	–	08:04:49.3	215	293	15	–				–				10:12:44.7	70	147	46	09:05:33.3	142	221	30	93	0.674	0.600		
KENYA																												
Nairobi	01°17'S	036°49'E	1820	09:42:16.7	302	136	85	–				–				10:10:10.6	321	201	81	09:56:09.7	311	176	83	315	0.013	0.002		
LIBERIA																												
Monrovia	06°18'N	010°47'W	23	07:56:15.9	224	309	17	–				–				10:13:15.1	58	142	51	09:01:06.2	141	226	33	90	0.859	0.832		
LIBYA																												
Awjilah	29°09'N	021°15'E	–	09:09:53.9	224	261	57	10:29:07.6	335	340		10:30:30.5	295	299		11:50:52.6	47	15	59	10:29:49.0	135	140	64	174	1.051	1.000	0.060	01m23s
Banghazi	32°07'N	020°04'E	25	09:14:17.4	220	254	54	–				–				11:52:30.6	52	25	57	10:32:53.1	135	141	61	174	0.916	0.906		
Bardiyah	31°46'N	025°06'E	–	09:20:27.6	225	252	58	10:38:21.3	43	37		10:42:19.2	228	220		12:00:08.9	47	11	54	10:40:20.3	136	128	61	188	1.051	1.000	0.958	03m58s
Jalu	29°02'N	021°33'E	46	09:10:05.5	224	262	57	10:28:29.3	8	13		10:31:43.4	262	265		11:51:12.4	46	14	59	10:30:06.3	135	139	64	175	1.051	1.000	0.401	03m14s
Lukk	32°01'N	024°45'E	–	09:20:24.5	225	252	58	10:38:29.2	13	8		10:41:50.5	258	251		11:59:54.5	47	12	54	10:40:09.9	136	129	61	187	1.051	1.000	0.468	03m21s
Musaid	31°35'N	025°03'E	–	09:20:02.8	226	252	58	10:37:59.5	50	44		10:41:57.2	221	213		11:59:51.7	46	10	54	10:39:58.4	316	309	62	188	1.051	1.000	0.923	03m58s
Tripoli	32°54'N	013°11'E	22	09:08:30.9	212	253	49	–				–				11:40:40.7	60	48	60	10:23:28.2	136	156	58	156	0.765	0.714		
Tubruq (Tobruk)	32°05'N	023°59'E	–	09:19:26.0	224	252	57	–				–				11:58:48.8	48	14	54	10:39:02.7	136	131	61	185	0.995	0.998		
MALI																												
Bamako	12°39'N	008°00'W	340	08:08:43.5	217	295	23	–				–				10:27:38.8	63	135	57	09:14:42.8	140	216	39	96	0.754	0.700		

TABLE 12
LOCAL CIRCUMSTANCES FOR AFRICA — MAURITANIA TO WESTERN SAHARA
TOTAL SOLAR ECLIPSE OF 2006 MARCH 29

Location Name	Latitude	Longitude	Elev. (m)	First Contact U.T. (h m s)	P (°)	V (°)	Alt (°)	Second Contact U.T. (h m s)	P (°)	V (°)	Third Contact U.T. (h m s)	P (°)	V (°)	Fourth Contact U.T. (h m s)	P (°)	V (°)	Alt (°)	Maximum Eclipse U.T. (h m s)	P (°)	V (°)	Alt (°)	Azm (°)	Eclip. Mag.	Eclip. Obs.	Umbral Depth	Umbral Durat.
MAURITANIA																										
Nouakchott	18°06'N	015°57'W	21	08:17:59.2	206	278	18	—			—			10:19:22.3	78	146	46	09:15:54.5	142	213	31	97	0.539	0.440		
MOROCCO																										
Casablanca	33°39'N	007°35'W	50	08:59:00.6	193	245	31	—			—			10:54:21.2	87	122	52	09:55:00.4	140	186	42	120	0.392	0.280		
Fes	34°05'N	004°57'W	—	09:00:47.6	195	246	34	—			—			11:01:06.9	84	114	54	09:59:16.3	139	183	44	124	0.425	0.315		
Marrakech	31°38'N	008°00'W	460	08:37:36.4	195	250	31	—			—			10:50:39.8	85	123	52	09:50:39.8	140	189	42	117	0.414	0.303		
Rabat	34°02'N	006°51'W	65	09:00:11.0	193	245	32	—			—			10:56:28.7	86	120	52	09:56:40.4	140	185	43	122	0.397	0.285		
Tangier	35°48'N	005°45'W	73	09:05:04.3	193	241	33	—			—			11:00:42.5	87	116	52	10:01:22.2	139	181	43	125	0.389	0.277		
NIGER																										
Maradi	13°29'N	007°06'E	—	08:20:50.5	226	301	41	09:35:08.6	357	67	09:37:46.3	272	342	10:58:18.6	44	87	76	09:36:27.2	135	204	59	106	1.050	1.000	0.264	02m38s
Niamey	13°31'N	002°07'E	216	08:16:25.1	222	298	35	—			—			10:48:56.5	51	109	71	09:29:18.1	136	209	52	102	0.907	0.894		
Zinder	13°48'N	008°59'E	—	08:23:27.0	227	302	43	09:38:19.3	80	147	09:41:33.1	189	256	11:02:20.8	42	74	78	09:39:56.0	314	22	61	109	1.051	1.000	0.423	03m14s
NIGERIA																										
Abeokuta	07°10'N	003°26'E	—	08:06:16.5	231	315	34	—			—			10:38:54.0	42	119	72	09:19:00.8	316	39	52	94	0.982	0.985		
Ado-Ekiti	07°38'N	005°12'E	—	08:08:41.9	232	315	36	—			—			10:42:49.1	40	114	74	09:22:17.2	316	37	54	95	0.958	0.958		
Bilma	18°41'N	012°56'E	—	08:37:36.7	226	291	49	09:54:05.2	51	102	09:58:07.3	216	265	11:19:09.7	43	37	75	09:56:06.0	314	3	66	127	1.051	1.000	0.867	04m02s
Enugu	06°27'N	007°27'E	233	08:18:00.8	227	304	40	—			—			10:43:46.4	35	112	77	09:23:10.2	315	38	57	94	0.887	0.869		
Gusau	12°12'N	006°40'E	—	08:18:00.8	227	304	40	09:31:19.7	42	115	09:35:11.1	228	300	10:54:55.6	43	94	76	09:33:15.1	135	207	58	103	1.050	1.000	0.955	03m51s
Ibadan	07°17'N	003°30'E	—	08:06:31.3	231	314	34	—			—			10:39:15.3	42	119	72	09:19:19.2	316	39	52	94	0.983	0.987		
Igboho	08°51'N	003°45'E	—	08:09:18.8	229	311	35	09:20:57.7	74	154	09:24:14.4	198	278	10:42:54.8	43	115	73	09:22:35.8	316	36	53	96	1.049	1.000	0.530	03m17s
Ilesha	07°38'N	004°45'E	—	08:08:15.3	231	314	36	—			—			10:42:54.8	43	115	74	09:22:40.1	316	38	53	95	0.967	0.969		
Iwo	07°38'N	004°11'E	—	08:07:42.8	231	314	35	—			—			10:41:07.8	41	117	73	09:20:53.7	316	38	53	95	0.978	0.981		
Kaduna	10°33'N	007°27'E	—	08:15:53.5	230	309	40	—			—			10:52:50.9	40	96	77	09:31:08.0	315	30	58	101	0.976	0.979		
Kano	12°00'N	008°30'E	—	08:19:36.3	229	306	42	—			—			10:57:44.3	41	84	78	09:35:34.5	314	26	60	104	0.984	0.988		
Katsina	13°00'N	007°32'E	—	08:20:23.1	227	303	41	09:34:11.3	46	116	09:38:05.2	224	294	10:58:07.0	43	86	77	09:36:08.0	315	25	59	106	1.050	1.000	0.986	03m54s
Kaura Namoda	12°35'N	006°35'E	—	08:18:38.1	227	303	40	09:32:09.1	20	92	09:35:38.4	250	322	10:55:33.4	44	93	76	09:33:53.5	135	207	58	104	1.050	1.000	0.572	03m29s
Kishi	09°05'N	003°52'E	—	08:09:48.8	229	310	35	09:21:27.9	67	146	09:24:56.5	205	284	10:41:35.6	43	114	73	09:23:11.9	316	35	53	97	1.049	1.000	0.643	03m29s
Lagos	06°27'N	003°24'E	3	08:05:07.5	232	316	34	—			—			10:37:20.7	41	121	71	09:17:38.9	316	40	52	94	0.967	0.968		
Maiduguri	11°51'N	013°10'E	—	08:25:11.6	233	316	48	—			—			11:05:02.8	34	46	81	09:42:26.2	313	21	66	109	0.879	0.859		
Mushin	06°32'N	003°22'E	—	08:05:13.4	232	316	34	—			—			10:37:27.7	41	121	71	09:17:45.4	316	40	52	93	0.969	0.971		
Onitsha	06°09'N	006°47'E	—	08:08:04.3	235	320	38	—			—			10:42:04.2	36	114	76	09:21:40.4	315	39	56	93	0.894	0.878		
Oshogbo	07°47'N	004°34'E	—	08:08:19.2	231	314	36	—			—			10:42:05.2	41	115	73	09:21:42.0	316	37	54	95	0.974	0.977		
Port Harcourt	04°43'N	007°05'E	—	08:06:21.1	237	324	38	—			—			10:39:13.7	34	118	76	09:19:24.4	315	42	56	91	0.856	0.829		
Shaki	08°39'N	003°25'E	—	08:08:40.7	229	311	34	09:20:03.9	69	149	09:23:28.3	203	284	10:41:55.7	44	116	72	09:21:45.8	316	36	53	96	1.049	1.000	0.612	03m24s
Tessaoua	13°45'N	007°59'E	—	08:22:15.9	226	301	42	09:36:24.4	32	101	09:40:13.9	237	305	11:00:27.2	43	81	77	09:38:18.9	135	203	60	107	1.051	1.000	0.781	03m49s
Zaria	11°07'N	007°44'E	—	08:17:11.4	229	308	41	—			—			10:54:32.5	41	92	78	09:32:40.3	315	29	59	102	0.982	0.985		
Zinder	13°48'N	008°59'E	—	08:23:27.0	227	302	43	09:38:19.3	80	147	09:41:33.1	189	256	11:02:20.8	42	74	78	09:39:56.0	314	22	61	109	1.051	1.000	0.423	03m14s
RWANDA																										
Kigali	01°57'S	030°04'E	—	08:55:43.5	278	25	72	—			—			10:29:21.9	345	214	82	09:41:56.2	311	84	82	47	0.169	0.083		
SENEGAL																										
Dakar	14°40'N	017°26'W	40	08:10:11.5	210	286	14	—			—			10:12:51.6	76	149	44	09:08:34.3	143	218	28	94	0.592	0.502		
SIERRA LEONE																										
Freetown	08°30'N	013°15'W	28	07:59:11.4	220	302	16	—			—			10:12:20.6	63	144	49	09:02:16.2	142	224	31	91	0.777	0.728		
SUDAN																										
Khartoum	15°36'N	032°32'E	390	09:11:20.3	253	294	74	—			—			11:36:47.1	13	310	62	10:23:59.9	313	282	76	211	0.498	0.395		
TANZANIA																										
Mwanza	02°31'S	032°54'E	—	09:11:56.6	288	47	78	—			—			10:20:30.0	335	204	81	09:45:56.4	311	114	84	17	0.085	0.030		
TOGO																										
Lome	06°08'N	001°13'E	22	08:02:45.4	231	316	31	—			—			10:33:05.3	43	126	68	09:14:14.7	317	42	49	92	1.000	1.000		
TUNISIA																										
Sfax	34°44'N	010°46'E	—	09:10:35.9	208	249	46	—			—			11:37:31.5	66	59	58	10:22:53.2	137	158	56	153	0.686	0.616		
Tunis	36°48'N	010°11'E	66	09:14:55.0	206	244	45	—			—			11:38:00.1	69	64	56	10:25:23.7	137	157	54	155	0.640	0.560		
UGANDA																										
Kampala	00°19'N	032°25'E	1312	09:05:20.6	279	22	77	—			—			10:37:30.1	344	238	79	09:50:58.0	311	112	87	19	0.159	0.076		
WESTERN SAHARA																										
El Aaiun	27°09'N	013°12'W	—	08:40:46.6	196	258	24	—			—			10:34:47.2	86	138	48	09:35:41.6	141	200	36	107	0.411	0.300		

Total Solar Eclipse of 2006 March 29

TABLE 13
LOCAL CIRCUMSTANCES FOR EUROPE — ALBANIA TO GREECE
TOTAL SOLAR ECLIPSE OF 2006 MARCH 29

Location Name	Latitude	Longitude	Elev.	First Contact U.T. h m s	P °	V °	Alt °	Second Contact U.T. h m s	P °	V °	Third Contact U.T. h m s	P °	V °	Fourth Contact U.T. h m s	P °	V °	Alt °	Maximum Eclipse U.T. h m s	P °	V °	Alt °	Azm °	Eclip. Mag.	Eclip. Obs.	Umbral Depth	Umbral Durat.
ALBANIA			m																							
Tiranë	41°20'N	019°50'E	7	09:32:42.2	211	232	49	—			—			11:58:47.5	65	44	49	10:45:38.4	138	138	52	180	0.727	0.667		
ANDORRA																										
Andorra	42°30'N	001°31'E	1080	09:24:04.7	193	229	38	—			—			11:22:36.5	86	96	50	10:22:20.9	139	165	45	145	0.409	0.297		
AUSTRIA																										
Vienna	48°13'N	016°20'E	202	09:43:48.5	202	219	42	—			—			11:53:46.9	78	65	44	10:48:38.1	140	142	45	176	0.545	0.447		
BELARUS																										
Gomel'	52°25'N	031°00'E	—	10:01:25.9	210	210	41	—			—			12:13:52.9	74	50	34	11:08:19.7	142	129	39	202	0.656	0.579		
Minsk	53°54'N	027°34'E	225	10:01:07.3	206	209	39	—			—			12:08:44.7	78	58	34	11:05:23.2	142	132	38	196	0.584	0.493		
BELGIUM																										
Antwerpen	51°13'N	004°25'E	—	09:45:13.4	189	213	36	—			—			11:31:23.8	93	96	42	10:37:49.8	141	155	40	157	0.336	0.225		
Brussels	50°50'N	004°20'E	—	09:44:21.2	190	213	36	—			—			11:31:12.0	93	96	42	10:37:16.8	141	156	40	157	0.340	0.228		
Liège	50°38'N	005°34'E	—	09:44:12.7	191	214	37	—			—			11:33:39.3	91	93	43	10:38:27.1	141	154	41	159	0.359	0.247		
BOSNIA & HERZEGOWINA																										
Sarajevo	43°52'N	018°25'E	—	09:36:33.4	208	227	46	—			—			11:57:05.2	70	53	47	10:46:40.9	139	140	50	178	0.655	0.578		
BULGARIA																										
Sofia	42°41'N	023°19'E	550	09:38:38.2	213	228	49	—			—			12:04:52.7	64	40	46	10:51:58.3	138	133	50	188	0.758	0.705		
CROATIA																										
Zagreb	45°48'N	015°58'E	—	09:38:41.0	204	224	44	—			—			11:53:04.9	75	62	46	10:45:38.3	139	143	47	174	0.582	0.490		
CZECH REPUBLIC																										
Ostrava	49°50'N	018°17'E	—	09:48:08.7	202	216	42	—			—			11:56:51.7	79	65	42	10:52:28.8	140	140	44	180	0.544	0.446		
Praha	50°05'N	014°26'E	202	09:46:28.9	199	216	40	—			—			11:50:17.9	82	73	42	10:48:10.9	140	145	43	174	0.486	0.381		
DENMARK																										
Kobenhavn	55°40'N	012°35'E	13	09:56:40.0	193	206	35	—			—			11:45:43.5	91	86	37	10:51:02.2	142	146	38	173	0.377	0.265		
ESTONIA																										
Tallinn	59°25'N	024°45'E	—	10:07:50.3	199	202	34	—			—			12:01:03.4	88	74	31	11:04:41.1	143	137	34	192	0.448	0.339		
FINLAND																										
Helsinki	60°10'N	024°58'E	9	10:09:02.1	199	201	33	—			—			12:00:39.7	89	75	30	11:05:04.9	144	138	33	192	0.437	0.327		
FRANCE																										
Bordeaux	44°50'N	000°34'W	48	09:29:14.3	190	224	36	—			—			11:19:01.3	91	103	47	10:23:16.0	140	165	43	144	0.348	0.236		
Lille	50°38'N	003°04'E	43	09:43:38.5	189	213	36	—			—			11:28:36.1	94	99	43	10:35:35.9	141	157	40	155	0.326	0.215		
Lyon	45°45'N	004°51'E	286	09:32:55.6	194	223	39	—			—			11:31:17.3	86	90	48	10:31:22.6	140	158	45	154	0.414	0.303		
Marseille	43°18'N	005°24'E	75	09:27:24.0	196	228	40	—			—			11:31:34.5	82	86	50	10:28:37.9	139	159	47	152	0.457	0.349		
Nice	43°42'N	007°15'E	—	09:29:08.6	198	228	41	—			—			11:35:39.8	81	81	50	10:31:38.0	139	156	47	156	0.480	0.374		
Paris	48°52'N	002°20'E	50	09:39:27.5	189	216	36	—			—			11:26:45.7	92	99	44	10:32:29.7	141	159	41	152	0.338	0.226		
Toulouse	43°36'N	001°26'E	164	09:26:43.4	192	227	38	—			—			11:22:58.1	87	97	49	10:23:55.3	140	164	45	146	0.393	0.281		
GERMANY																										
Aachen	50°47'N	006°05'E	—	09:44:40.8	191	214	37	—			—			11:34:41.2	91	92	43	10:39:13.1	141	154	41	160	0.363	0.251		
Berlin	52°30'N	013°22'E	—	09:50:47.9	196	212	38	—			—			11:48:00.1	86	79	40	10:49:12.2	141	146	41	173	0.434	0.324		
Bielefeld	52°01'N	008°31'E	—	09:48:02.3	192	212	37	—			—			11:43:19.7	88	88	41	10:43:19.7	141	151	40	164	0.379	0.266		
Bonn	50°44'N	007°05'E	—	09:44:51.5	192	214	37	—			—			11:36:38.7	90	90	43	10:40:18.4	141	153	41	161	0.377	0.265		
Bremen	53°04'N	008°49'E	16	09:50:19.3	192	210	37	—			—			11:39:47.1	91	89	40	10:44:43.9	141	150	40	165	0.368	0.256		
Dortmund	51°31'N	007°28'E	—	09:46:39.6	192	213	37	—			—			11:31:34.5	90	90	42	10:41:36.9	141	152	41	162	0.372	0.260		
Dresden	51°03'N	013°44'E	—	09:48:04.5	198	214	39	—			—			11:37:22.0	87	85	44	10:48:17.2	141	145	42	173	0.461	0.354		
Duisburg	51°25'N	006°46'E	—	09:46:14.7	191	213	37	—			—			11:48:55.7	84	76	42	10:40:42.8	141	153	41	161	0.364	0.252		
Düsseldorf	51°12'N	006°47'E	—	09:45:46.9	191	213	37	—			—			11:36:02.0	91	91	42	10:40:29.4	141	153	41	161	0.367	0.255		
Frankfurt	50°07'N	008°40'E	103	09:44:03.0	194	215	38	—			—			11:39:42.1	87	85	43	10:41:27.1	141	151	42	163	0.407	0.296		
Hamburg	53°33'N	009°59'E	20	09:51:40.0	192	210	36	—			—			11:41:49.4	91	87	40	10:46:28.0	141	149	39	168	0.376	0.264		
Hannover	52°24'N	009°44'E	—	09:49:13.8	193	211	37	—			—			11:41:33.4	89	86	41	10:45:04.5	141	149	40	167	0.389	0.277		
Karlsruhe	49°03'N	008°24'E	—	09:41:38.5	194	217	39	—			—			11:39:08.9	86	86	44	10:39:08.9	140	149	42	162	0.419	0.308		
Köln (Cologne)	50°56'N	006°59'E	—	09:45:15.7	192	214	37	—			—			11:36:27.2	90	90	43	10:40:25.1	141	153	41	161	0.373	0.261		
Leipzig	51°19'N	012°20'E	—	09:47:59.5	196	214	39	—			—			11:46:24.7	86	79	42	10:46:56.3	141	147	42	170	0.439	0.329		
Mannheim	49°29'N	008°29'E	—	09:42:36.9	194	217	39	—			—			11:39:20.0	87	85	44	10:40:31.2	140	152	43	163	0.414	0.303		
München	48°08'N	011°34'E	530	09:41:02.1	198	219	41	—			—			11:45:10.6	84	76	45	10:42:42.8	140	148	45	167	0.477	0.371		
Nürnberg	49°27'N	011°04'E	320	09:43:35.2	197	217	40	—			—			11:44:15.2	84	79	44	10:43:33.2	140	149	43	167	0.450	0.341		
Stuttgart	48°46'N	009°11'E	—	09:41:19.8	195	218	39	—			—			11:40:39.3	85	82	45	10:40:32.0	140	151	44	164	0.434	0.324		
GREECE																										
Athens	37°58'N	023°43'E	107	09:30:13.5	218	238	53	—			—			12:03:29.3	57	28	49	10:46:59.7	137	131	55	187	0.864	0.839		
Thessaloniki	40°38'N	022°56'E	24	09:34:23.8	215	232	50	—			—			12:03:36.6	62	36	48	10:49:08.6	138	133	53	187	0.794	0.750		

TABLE 14
LOCAL CIRCUMSTANCES FOR EUROPE — HUNGARY TO ROMANIA
TOTAL SOLAR ECLIPSE OF 2006 MARCH 29

Location Name	Latitude	Longitude	Elev. (m)	First Contact U.T. h m s	P °	V °	Alt °	Second Contact U.T. h m s	P °	V °	Alt °	Third Contact U.T. h m s	P °	V °	Alt °	Fourth Contact U.T. h m s	P °	V °	Alt °	Maximum Eclipse U.T. h m s	P °	V °	Alt °	Azm °	Eclip. Mag.	Eclip. Obs.	Umbral Depth	Umbral Durat.
HUNGARY																												
Budapest	47°30'N	019°05'E	120	09:44:12.3	205	220	44	-				-				11:58:28.2	75	58	43	10:51:19.4	140	139	46	181	0.598	0.509		
IRELAND																												
Dublin	53°20'N	006°15'W	47	09:49:33.9	178	205	30	-				-				11:09:29.4	107	122	37	10:29:06.9	143	164	34	143	0.187	0.095		
ITALY																												
Bologna	44°29'N	011°20'E	-	09:33:00.9	201	227	43	-				-				11:44:11.0	78	71	49	10:38:02.9	139	150	48	164	0.532	0.432		
Catania	37°30'N	015°06'E	-	09:20:24.8	210	242	48	-				-				11:48:16.2	64	49	54	10:33:40.4	137	148	55	166	0.717	0.654		
Florence	43°46'N	011°15'E	-	09:31:23.3	201	228	43	-				-				11:43:49.2	77	70	49	10:37:00.9	139	150	49	164	0.542	0.444		
Genoa	44°25'N	008°57'E	97	09:31:35.9	199	227	42	-				-				11:39:24.8	80	77	49	10:34:50.4	139	153	47	160	0.496	0.392		
Milan	45°28'N	009°12'E	-	09:34:04.5	198	224	41	-				-				11:40:12.0	81	78	48	10:36:32.1	139	152	46	161	0.483	0.378		
Naples	40°51'N	014°17'E	25	09:27:01.7	206	234	46	-				-				11:48:36.5	70	57	51	10:37:16.0	138	147	52	168	0.642	0.562		
Palermo	38°07'N	013°22'E	108	09:20:18.9	208	240	47	-				-				11:45:20.4	67	55	54	10:32:03.8	137	150	54	163	0.674	0.601		
Rome	41°54'N	012°29'E	115	09:28:02.5	204	232	45	-				-				11:45:35.1	73	64	51	10:36:12.0	138	150	51	165	0.593	0.504		
Turin	45°03'N	007°40'E	-	09:32:25.6	197	225	41	-				-				11:36:58.4	82	81	48	10:34:01.1	139	155	46	158	0.466	0.359		
LATVIA																												
Riga	56°57'N	024°06'E	-	10:03:46.5	201	205	36	-				-				12:02:10.9	85	70	33	11:03:13.5	143	137	36	191	0.486	0.381		
LIECHTENSTEIN																												
Vaduz	47°09'N	009°31'E	-	09:37:56.9	197	221	40	-				-				11:41:08.7	83	79	46	10:39:02.0	140	151	45	163	0.463	0.355		
LITHUANIA																												
Vilnius	54°41'N	025°19'E	-	10:00:53.8	204	208	39	-				-				12:05:19.2	81	63	35	11:03:26.3	142	135	38	193	0.543	0.444		
LUXEMBOURG																												
Luxembourg	49°36'N	006°09'E	334	09:42:05.8	192	216	37	-				-				11:34:44.4	89	91	44	10:37:54.4	141	154	42	159	0.380	0.268		
MACEDONIA																												
Skopje	41°59'N	021°26'E	240	09:35:29.0	212	230	49	-				-				12:01:40.7	65	42	47	10:48:37.4	138	135	51	184	0.741	0.684		
MALTA																												
Valletta	35°54'N	014°31'E	71	09:16:23.7	211	246	49	-				-				11:45:58.7	63	48	56	10:30:22.5	137	150	56	163	0.736	0.677		
MOLDOVA																												
Kisin'ov	47°00'N	028°50'E	-	09:51:26.5	214	219	46	-				-				12:13:03.4	67	40	39	11:02:54.1	140	127	45	199	0.748	0.692		
MONACO																												
Monaco	43°42'N	007°23'E	55	09:29:12.4	198	228	41	-				-				11:35:56.6	81	80	50	10:31:48.6	139	156	47	156	0.482	0.377		
NETHERLANDS																												
Amsterdam	52°22'N	004°54'E	2	09:47:50.9	189	211	35	-				-				11:32:23.9	94	97	41	10:39:41.8	141	154	39	159	0.328	0.217		
Rotterdam	51°55'N	004°28'E	-	09:46:46.6	189	211	35	-				-				11:31:32.1	94	97	41	10:38:42.3	141	155	39	158	0.328	0.217		
S'Gravenhage	52°06'N	004°18'E	-	09:47:08.7	189	211	35	-				-				11:31:12.7	94	98	41	10:38:43.9	141	155	39	158	0.324	0.213		
Utrecht	52°05'N	005°08'E	-	09:47:16.9	189	211	36	-				-				11:32:51.2	93	96	41	10:39:38.0	141	154	40	159	0.335	0.223		
NORWAY																												
Oslo	59°55'N	010°45'E	94	10:04:08.4	188	200	32	-				-				11:40:59.0	98	95	33	10:52:25.7	143	148	33	171	0.300	0.190		
POLAND																												
Gdansk	54°23'N	018°40'E	11	09:56:45.3	199	209	38	-				-				11:55:58.3	85	73	37	10:56:24.0	142	141	39	182	0.470	0.362		
Katowice	50°16'N	019°00'E	-	09:49:24.2	203	215	41	-				-				11:57:55.9	79	64	41	10:53:41.2	141	139	43	182	0.546	0.448		
Krakow	50°03'N	019°58'E	220	09:49:36.7	204	216	42	-				-				11:59:31.4	78	62	41	10:54:38.3	140	138	43	183	0.563	0.468		
Lodz	51°46'N	019°30'E	-	09:52:28.4	202	213	40	-				-				11:58:18.0	80	66	39	10:55:26.7	141	139	42	183	0.526	0.425		
Poznan	52°25'N	016°55'E	-	09:52:16.7	199	212	39	-				-				11:53:58.4	83	72	40	10:53:04.2	141	142	41	179	0.481	0.375		
Warsaw	52°15'N	021°00'E	90	09:54:13.7	203	212	40	-				-				12:00:25.6	80	64	38	10:57:27.8	141	138	41	186	0.536	0.437		
Wroclaw	51°06'N	017°00'E	147	09:49:49.4	200	214	40	-				-				11:54:28.6	81	69	41	10:52:04.8	141	142	42	178	0.504	0.401		
PORTUGAL																												
Lisbon	38°43'N	009°08'W	95	09:12:17.6	187	233	31	-				-				10:54:52.5	94	125	47	10:02:22.6	141	181	40	124	0.303	0.193		
Porto	41°11'N	008°36'W	-	09:18:55.1	185	228	31	-				-				10:57:57.6	96	124	46	10:07:24.2	141	178	39	128	0.281	0.173		
ROMANIA																												
Bucharest	44°26'N	026°06'E	82	09:44:31.6	214	224	48	-				-				12:09:20.2	65	38	43	10:57:23.4	139	129	48	194	0.764	0.713		

Total Solar Eclipse of 2006 March 29

TABLE 15
LOCAL CIRCUMSTANCES FOR EUROPE — SERBIA AND MONTENEGRO TO UNITED KINGDOM
TOTAL SOLAR ECLIPSE OF 2006 MARCH 29

Location Name	Latitude	Longitude	Elev. m	First Contact U.T. h m s	P °	V °	Alt °	Second Contact U.T. h m s	P °	V °	Third Contact U.T. h m s	P °	V °	Fourth Contact U.T. h m s	P °	V °	Alt °	Maximum Eclipse U.T. h m s	P °	V °	Alt °	Azm °	Eclip. Mag.	Eclip. Obs.	Umbral Depth	Umbral Durat.
SERBIA AND MONTENEGRO (FORMER YUGOSLAVIA)																										
Beograd	44°50'N	020°30'E	138	09:40:09.2	209	225	46	—			—			12:00:44.3	70	50	45	10:50:28.7	139	137	49	183	0.670	0.595		
SLOVAKIA																										
Bratislava	48°09'N	017°07'E	—	09:44:09.5	203	219	43	—			—			11:55:07.7	77	64	44	10:49:31.6	140	141	45	178	0.557	0.461		
SLOVENIA																										
Ljubljana	46°03'N	014°31'E	—	09:38:16.0	202	223	43	—			—			11:50:29.5	77	66	46	10:44:03.5	139	145	47	172	0.555	0.459		
SPAIN																										
Barcelona	41°23'N	002°11'E	95	09:21:33.5	195	232	39	—			—			11:23:30.7	84	93	51	10:21:28.5	139	165	47	144	0.434	0.325		
Bilbao	43°15'N	002°58'W	—	09:24:51.3	189	226	35	—			—			11:12:41.1	92	109	48	10:17:48.1	140	169	42	138	0.333	0.222		
Madrid	40°24'N	003°41'W	667	09:17:28.5	190	232	35	—			—			11:09:13.6	89	112	50	10:12:10.9	140	173	43	134	0.359	0.246		
Malaga	36°43'N	004°25'W	—	09:07:46.7	193	240	34	—			—			11:04:42.2	86	112	52	10:04:47.0	139	179	44	128	0.396	0.285		
Sevilla	37°23'N	005°59'W	30	09:09:10.6	191	238	33	—			—			11:01:27.6	89	117	51	10:03:56.1	140	179	43	127	0.364	0.252		
Valencia	39°28'N	000°20'W	24	09:15:57.0	194	235	37	—			—			11:16:26.0	84	100	52	10:14:57.3	139	170	46	138	0.421	0.311		
Zaragoza	41°38'N	000°53'W	—	09:21:14.0	192	230	37	—			—			11:16:36.8	87	103	50	10:17:50.7	139	169	44	140	0.384	0.272		
SWEDEN																										
Goteborg	57°43'N	011°58'E	17	10:00:21.5	191	203	34	—			—			11:43:54.3	94	90	35	10:51:59.4	143	147	35	172	0.342	0.230		
Stockholm	59°20'N	018°03'E	45	10:05:03.9	194	202	33	—			—			11:52:12.7	92	83	33	10:58:40.1	143	142	34	182	0.382	0.270		
SWITZERLAND																										
Basel	47°33'N	007°35'E	—	09:38:01.5	195	220	39	—			—			11:37:21.7	85	85	46	10:37:07.8	140	153	44	160	0.429	0.318		
Bern	46°57'N	007°26'E	572	09:36:37.9	195	221	39	—			—			11:36:57.3	85	84	46	10:36:11.9	140	154	45	159	0.435	0.325		
Zurich	47°23'N	008°32'E	493	09:38:02.6	196	221	40	—			—			11:39:14.2	84	82	46	10:38:06.1	140	152	45	161	0.445	0.336		
UKRAINE																										
Char'kov	50°00'N	036°15'E	—	10:02:47.5	217	212	43	—			—			12:21:04.7	67	37	32	11:12:59.6	142	123	39	211	0.774	0.724		
Dnepropetrovsk	48°27'N	034°59'E	79	09:59:35.7	218	214	45	—			—			12:20:16.1	65	35	34	11:10:58.3	141	122	41	209	0.796	0.752		
Doneck	48°00'N	037°48'E	—	10:01:57.8	221	214	45	—			—			12:23:26.9	63	30	33	11:13:56.5	142	120	41	214	0.842	0.810		
Horlivka	48°18'N	038°03'E	—	10:02:34.7	220	213	45	—			—			12:23:37.0	63	31	32	11:14:20.2	142	120	40	214	0.837	0.805		
Kharkov	50°00'N	036°15'E	—	10:02:47.5	217	212	43	—			—			12:21:04.7	67	37	32	11:12:59.6	142	123	39	211	0.774	0.724		
Kiev	50°26'N	030°31'E	—	09:58:11.3	212	213	43	—			—			12:14:15.7	71	46	35	11:06:55.4	141	128	41	201	0.694	0.625		
Kramatorsk	48°43'N	037°32'E	—	10:02:31.5	220	213	44	—			—			12:22:56.5	64	33	32	11:13:55.4	142	120	40	213	0.821	0.784		
Krivoj Rog	47°55'N	033°21'E	—	09:57:14.2	217	216	45	—			—			12:18:32.3	65	36	35	11:08:50.2	141	123	43	207	0.788	0.742		
Lugansk	48°34'N	039°20'E	—	10:04:14.2	221	213	44	—			—			12:24:49.5	63	30	31	11:15:50.1	142	119	39	216	0.846	0.815		
L'vov	49°50'N	024°00'E	298	09:52:01.7	207	215	43	—			—			12:05:42.0	74	54	39	10:59:10.1	141	134	43	190	0.622	0.537		
Mariupol'	47°06'N	037°33'E	—	10:00:37.8	221	215	46	—			—			12:23:24.8	62	28	33	11:13:16.7	141	119	41	214	0.861	0.835		
Nikolajev	47°55'N	032°00'E	—	09:54:31.6	217	217	46	—			—			12:17:06.8	65	35	37	11:06:42.0	141	124	44	205	0.792	0.748		
Odessa	46°28'N	030°44'E	65	09:52:29.7	216	219	47	—			—			12:15:36.0	65	36	38	11:04:50.8	140	125	45	202	0.787	0.741		
Stachanov	48°34'N	038°40'E	—	10:03:32.0	221	213	44	—			—			12:24:09.5	64	31	32	11:15:06.6	142	119	40	215	0.838	0.805		
Zaporozje	47°50'N	035°10'E	—	09:58:58.9	219	215	45	—			—			12:20:38.9	64	33	34	11:10:53.3	141	122	42	210	0.813	0.774		
UNITED KINGDOM																										
ENGLAND																										
Birmingham	52°30'N	001°50'W	163	09:47:22.6	183	208	33	—			—			11:18:42.8	101	112	40	10:32:34.4	142	161	37	148	0.245	0.141		
Bristol	51°27'N	002°35'W	—	09:44:55.4	183	210	33	—			—			11:16:52.3	101	113	40	10:30:22.9	142	162	37	146	0.246	0.143		
Coventry	52°25'N	001°30'W	—	09:47:11.4	183	209	33	—			—			11:19:24.0	101	111	40	10:32:49.1	142	160	37	149	0.249	0.145		
Leeds	53°50'N	001°35'W	—	09:50:24.7	182	207	32	—			—			11:19:28.8	102	113	39	10:34:31.5	142	160	36	150	0.234	0.133		
Liverpool	53°25'N	002°55'W	60	09:49:29.1	181	206	32	—			—			11:16:37.7	103	115	39	10:32:37.4	142	161	36	147	0.223	0.124		
London	51°30'N	000°10'W	45	09:45:09.8	185	211	34	—			—			11:22:01.4	98	107	41	10:33:04.8	142	160	38	150	0.275	0.168		
Manchester	53°30'N	002°15'W	—	09:49:39.6	182	206	32	—			—			11:18:02.4	103	113	39	10:33:25.1	142	160	36	149	0.230	0.129		
Middlesbrough	54°35'N	001°14'W	—	09:52:05.4	182	205	32	—			—			11:20:18.1	103	112	38	10:35:48.2	142	159	35	151	0.231	0.130		
Newcastle	54°59'N	001°35'W	—	09:52:58.9	181	204	31	—			—			11:19:38.7	104	113	37	10:35:56.1	142	159	35	151	0.223	0.123		
Nottingham	52°58'N	001°10'W	—	09:48:27.3	183	208	33	—			—			11:20:11.9	101	111	39	10:33:52.4	142	160	37	150	0.248	0.144		
Sheffield	53°23'N	001°30'W	—	09:49:23.7	183	207	32	—			—			11:19:34.7	102	112	39	10:34:02.9	142	160	36	150	0.240	0.137		
IRELAND, NORTH																										
Belfast	54°35'N	005°55'W	17	09:52:25.9	178	203	30	—			—			11:10:34.7	108	122	36	10:31:08.1	143	163	34	144	0.180	0.090		
SCOTLAND																										
Edinburgh	55°57'N	003°13'W	134	09:55:12.7	179	202	30	—			—			11:16:28.7	106	117	36	10:35:30.2	143	160	34	149	0.196	0.102		
Glasgow	55°53'N	004°15'W	—	09:55:09.8	178	201	30	—			—			11:14:22.0	108	119	36	10:34:25.5	143	161	33	147	0.186	0.095		
WALES																										
Cardiff	51°29'N	003°13'W	62	09:45:00.0	182	210	32	—			—			11:15:30.8	101	114	40	10:29:44.7	142	163	37	145	0.238	0.136		

TABLE 16
LOCAL CIRCUMSTANCES FOR ASIA MINOR
TOTAL SOLAR ECLIPSE OF 2006 MARCH 29

Location Name	Latitude	Longitude	Elev.	First Contact U.T. h m s	P °	V °	Alt °	Second Contact U.T. h m s	P °	V °	Third Contact U.T. h m s	P °	V °	Fourth Contact U.T. h m s	P °	V °	Alt °	Maximum Eclipse U.T. h m s	P °	V °	Alt °	Azm °	Eclip. Mag.	Eclip. Obs.	Umbral Depth	Umbral Durat.
ARMENIA			m																							
Jerevan	40°11'N	044°30'E	—	10:02:54.2	236	219	51	—			—			12:29:30.9	47	3	31	11:18:09.6	321	287	43	228	0.912	0.900		
AZERBAIJAN																										
Baku	40°23'N	049°51'E	—	10:11:28.2	240	215	48	—			—			12:33:49.0	45	359	27	11:24:51.2	322	284	39	235	0.853	0.825		
Gäncä	40°40'N	046°22'E	—	10:06:10.8	237	217	50	—			—			12:31:15.8	47	2	30	11:20:45.7	322	286	41	230	0.902	0.888		
BAHRAIN																										
Al-Manamah	26°13'N	050°35'E	—	10:10:12.8	264	223	59	—			—			12:16:41.2	16	316	34	11:15:23.0	320	265	47	245	0.427	0.316		
CYPRUS																										
Nicosia	35°10'N	033°22'E	218	09:39:05.4	231	236	58	—			—			12:14:46.1	45	3	44	10:58:00.0	318	293	55	210	0.950	0.948		
IRAN																										
Ahvaz	31°19'N	048°42'E	—	10:05:47.5	253	222	57	—			—			12:24:49.6	28	333	32	11:17:28.8	320	273	46	239	0.602	0.514		
Bakhtaran	34°19'N	047°04'E	1320	10:03:33.1	247	222	55	—			—			12:27:23.7	35	344	32	11:17:37.9	320	278	45	235	0.712	0.647		
Esfahan	32°40'N	051°98'E	1597	10:12:27.8	254	219	53	—			—			12:28:42.1	29	335	29	11:22:53.0	321	273	42	242	0.604	0.516		
Mashhad	36°18'N	059°36'E	—	10:27:18.7	255	215	44	—			—			12:37:06.7	34	341	20	11:34:39.5	324	276	32	248	0.632	0.549		
Qom	34°39'N	050°54'E	—	10:11:16.2	250	219	52	—			—			12:30:30.3	34	341	29	11:23:12.1	322	276	41	239	0.672	0.598		
Shiraz	29°37'N	052°33'E	—	10:14:35.9	260	220	55	—			—			12:24:37.3	23	325	30	11:21:48.0	321	269	43	245	0.501	0.397		
Tabriz	38°05'N	046°18'E	—	10:04:20.0	240	219	52	—			—			12:29:56.0	42	355	31	11:19:14.0	321	283	43	231	0.830	0.795		
Tehran	35°40'N	051°26'E	1200	10:12:33.0	249	218	51	—			—			12:31:52.9	35	344	28	11:24:33.2	322	277	40	240	0.696	0.627		
IRAQ																										
Basra	30°30'N	047°47'E	—	10:03:27.6	253	224	58	—			—			12:22:56.8	27	332	34	11:15:18.6	320	273	47	238	0.591	0.501		
Mosul	36°20'N	043°08'E	223	09:57:26.4	240	223	55	—			—			12:25:58.4	40	353	35	11:13:37.9	320	283	47	227	0.824	0.788		
Baghdad	33°21'N	044°25'E	34	09:57:36.5	245	225	58	—			—			12:24:09.5	34	343	35	11:22:52.9	320	279	48	231	0.722	0.660		
ISRAEL																										
Tel Aviv-Yafo	32°04'N	034°46'E	10	09:37:12.8	236	240	61	—			—			12:13:09.4	39	352	45	10:56:19.9	317	289	57	214	0.848	0.819		
JORDAN																										
'Amman	31°57'N	035°56'E	776	09:39:16.7	237	238	61	—			—			12:14:19.5	38	350	44	10:58:04.0	317	287	56	216	0.824	0.789		
Az-Zarqa'	32°05'N	036°06'E	—	09:39:45.8	237	238	61	—			—			12:14:39.5	38	350	44	10:58:29.7	317	287	56	217	0.825	0.789		
KUWAIT																										
Kuwait City	29°20'N	047°59'E	5	10:03:36.0	255	224	59	—			—			12:21:11.1	25	328	34	11:14:27.4	320	271	48	239	0.555	0.459		
LEBANON																										
Beirut	33°53'N	035°30'E	—	09:40:58.3	235	235	60	—			—			12:16:01.2	41	356	43	10:59:45.6	318	289	55	215	0.881	0.861		
Tripoli	34°26'N	035°51'E	—	09:42:18.7	234	234	59	—			—			12:16:57.7	42	357	42	11:00:56.7	318	289	54	215	0.889	0.871		
OMAN																										
Masqat	23°37'N	058°35'E	—	10:35:11.4	280	223	50	—			—			12:13:18.0	5	300	28	11:25:43.9	322	260	39	254	0.246	0.143		
QATAR																										
Doha	25°17'N	051°32'E	—	10:13:09.9	267	223	58	—			—			12:15:00.4	14	312	34	11:15:56.6	320	264	46	246	0.386	0.274		
SAUDI ARABIA																										
Jiddah	21°30'N	039°12'E	6	09:36:07.5	255	249	72	—			—			11:57:54.7	16	315	49	10:48:03.4	315	270	63	230	0.495	0.391		
Mecca	21°27'N	039°49'E	—	09:37:53.5	256	247	72	—			—			11:58:13.3	15	314	49	10:49:08.6	315	269	63	231	0.481	0.376		
Riyadh	24°38'N	046°43'E	591	09:59:24.7	261	228	64	—			—			12:10:43.6	16	315	39	11:06:47.5	318	265	52	241	0.441	0.331		
SYRIA																										
Damascus	33°30'N	036°18'E	720	09:41:55.9	236	235	60	—			—			12:16:30.9	40	354	43	11:00:33.6	318	288	54	216	0.857	0.831		
Halab	36°12'N	037°10'E	390	09:46:49.3	234	230	57	—			—			12:19:59.0	44	360	40	11:04:51.1	319	289	51	217	0.912	0.900		
UNITED ARAB EMIRATES																										
Abu Dhabi	24°28'N	054°22'E	—	10:21:51.6	272	222	55	—			—			12:14:14.0	10	306	32	11:19:47.3	321	262	43	250	0.323	0.212		
Dubayy	25°18'N	055°18'E	—	10:23:47.8	272	222	54	—			—			12:16:51.0	11	308	30	11:22:08.4	321	263	42	250	0.336	0.225		
WEST BANK																										
Jerusalem	31°46'N	035°14'E	809	09:37:42.1	237	240	62	—			—			12:13:19.5	38	351	45	10:56:42.0	317	288	57	215	0.832	0.799		
YEMEN																										
'Adan	12°45'N	045°12'E	—	09:59:25.6	283	228	73	—			—			11:28:01.2	348	275	53	10:44:11.6	315	247	64	251	0.149	0.068		
Sana	15°23'N	044°12'E	—	09:52:17.3	274	233	74	—			—			11:40:19.0	357	287	51	10:47:03.7	315	253	63	246	0.237	0.135		

Total Solar Eclipse of 2006 March 29

TABLE 17
LOCAL CIRCUMSTANCES FOR GEORGIA AND TURKEY
TOTAL SOLAR ECLIPSE OF 2006 MARCH 29

Location Name	Latitude	Longitude	Elev. (m)	First Contact U.T. h m s	P °	V °	Alt °	Second Contact U.T. h m s	P °	V °	Third Contact U.T. h m s	P °	V °	Fourth Contact U.T. h m s	P °	V °	Alt °	Maximum Eclipse U.T. h m s	P °	V °	Alt °	Azm °	Eclip. Mag.	Eclip. Obs.	Umbral Depth	Umbral Durat.
GEORGIA																										
Batumi	41°38'N	041°38'E	—	09:59:51.8	231	219	51	—			—			12:27:24.4	51	9	33	11:15:21.6	321	290	44	222	0.990	0.993		
Kutaisi	42°15'N	042°40'E	—	10:01:56.4	232	218	50	—			—			12:28:30.9	51	10	32	11:17:00.1	321	290	42	224	0.993	0.996		
Poti	42°09'N	041°40'E	—	10:00:25.1	231	218	50	11:14:50.6	110	80	11:16:33.4	171	141	12:27:33.8	51	11	33	11:15:42.2	321	291	43	222	1.047	1.000	0.138	01m43s
Rustavi	41°33'N	045°02'E	—	10:04:48.0	235	217	50	—			—			12:30:26.1	49	6	30	11:19:33.4	322	288	41	228	0.944	0.940		
Suchumi	43°01'N	041°02'E	—	10:00:24.2	229	218	49	11:13:55.3	22	353	11:16:52.1	260	231	12:27:06.6	53	14	33	11:15:23.8	141	112	43	221	1.047	1.000	0.515	02m57s
Tbilisi	41°43'N	044°49'E	—	10:04:36.5	234	217	49	—			—			12:30:17.7	49	6	30	11:19:22.4	322	288	41	227	0.951	0.949		
Zugdidi	42°30'N	041°53'E	—	10:01:04.0	231	218	50	11:14:47.5	86	57	11:17:32.1	196	165	12:27:50.2	52	11	32	11:16:10.0	321	291	43	222	1.047	1.000	0.421	02m45s
TURKEY																										
Adana	37°01'N	035°18'E	25	09:44:47.8	231	230	56	—			—			12:18:31.1	47	5	41	11:02:56.2	318	292	52	213	0.963	0.964		
Adiyaman	37°46'N	038°17'E	—	09:50:32.9	233	226	55	—			—			12:22:18.0	46	3	38	11:07:58.0	319	289	49	219	0.935	0.929		
Aksaray	38°23'N	034°03'E	—	09:44:44.9	228	229	55	11:00:44.6	64	41	11:04:16.1	213	189	12:17:56.3	50	10	41	11:02:30.4	319	295	51	210	1.049	1.000	0.731	03m32s
Alanya	36°33'N	032°01'E	—	09:39:00.2	228	234	57	10:56:15.2	93	72	10:58:53.1	182	161	12:14:14.0	48	9	44	11:02:30.4	318	297	54	206	1.049	1.000	0.287	02m38s
Amasya	40°39'N	035°51'E	—	09:50:26.0	227	224	53	11:06:24.2	342	317	11:07:44.3	297	273	12:21:05.8	52	14	38	11:07:04.4	139	115	48	213	1.048	1.000	0.073	01m20s
Ankara	39°56'N	032°52'E	861	09:45:17.5	225	228	53	—			—			12:17:18.2	53	16	41	11:02:21.0	139	118	50	208	0.974	0.976		
Antakya	36°14'N	036°07'E	—	09:45:05.9	233	231	57	—			—			12:18:51.0	45	1	41	11:03:19.6	318	290	52	215	0.930	0.923		
Antalya	36°53'N	030°42'E	—	09:37:33.2	228	236	55	10:54:24.3	15	357	10:57:34.9	260	241	12:17:47.3	50	12	45	10:55:59.7	138	119	54	204	1.049	1.000	0.465	03m11s
Aydin	37°51'N	027°51'E	—	09:35:10.8	222	235	54	—			—			12:09:33.9	53	19	47	10:52:55.3	137	124	54	197	0.939	0.935		
Balikesir	39°39'N	027°53'E	—	09:38:18.0	221	232	53	—			—			12:10:35.5	56	24	45	10:55:01.7	138	125	53	197	0.899	0.884		
Batman	37°52'N	041°07'E	—	09:55:20.1	236	224	55	—			—			12:25:12.6	44	360	36	11:12:02.4	320	287	47	223	0.895	0.879		
Bursa	40°11'N	029°04'E	—	09:40:40.3	221	230	53	—			—			12:12:28.1	56	23	44	10:57:16.2	138	123	52	200	0.907	0.893		
Corum	40°33'N	034°58'E	—	09:46:03.7	226	225	53	—			—			12:20:02.9	53	15	39	11:05:47.4	139	116	49	211	0.991	0.994		
Denizli	37°46'N	029°06'E	—	09:36:43.3	226	234	55	—			—			12:11:14.8	52	17	46	10:54:39.5	138	122	54	200	0.963	0.964		
Diyarbakir	37°55'N	040°14'E	—	09:53:54.9	235	224	55	—			—			12:24:22.9	45	1	36	11:10:50.9	320	288	48	222	0.910	0.897		
Edirne	41°40'N	026°34'E	—	09:40:13.1	217	229	51	—			—			12:09:29.1	60	31	44	10:55:20.0	138	127	51	195	0.832	0.799		
Elazig	38°41'N	039°14'E	—	09:53:07.2	233	224	54	—			—			12:23:50.0	47	4	37	11:10:05.4	320	289	48	220	0.945	0.941		
Erbaa	40°42'N	036°36'E	—	09:51:33.5	228	224	53	11:06:36.5	19	353	11:09:38.3	261	235	12:21:57.2	52	13	38	11:08:07.5	140	114	48	214	1.048	1.000	0.484	03m02s
Erzurum	39°55'N	041°17'E	1951	09:57:39.7	233	221	52	—			—			12:26:30.4	48	5	34	11:13:49.8	320	289	45	223	0.948	0.945		
Eskisehir	39°46'N	030°32'E	—	09:41:53.3	223	230	53	—			—			12:14:14.9	54	19	43	10:58:54.2	138	121	51	203	0.940	0.936		
Gaziantep	37°05'N	037°22'E	—	09:48:14.0	233	228	56	—			—			12:20:51.7	45	2	39	11:06:00.9	319	290	50	217	0.932	0.925		
Gebze	40°48'N	029°25'E	—	09:42:07.1	221	229	52	—			—			12:13:11.0	57	24	43	10:58:23.2	139	123	51	201	0.898	0.882		
Giresun	40°55'N	038°24'E	—	09:54:24.2	229	222	52	11:09:03.2	70	43	11:12:19.8	210	182	12:23:58.0	51	11	36	11:10:41.7	320	292	46	217	1.048	1.000	0.653	03m17s
Iskenderun	36°37'N	036°07'E	—	09:45:35.5	232	230	57	—			—			12:19:00.8	45	3	41	11:03:43.4	318	291	52	215	0.940	0.935		
Istanbul	41°01'N	028°58'E	18	09:41:55.2	220	229	52	—			—			12:12:39.0	57	25	43	10:57:58.8	139	124	51	200	0.886	0.867		
Izmir	38°25'N	027°09'E	28	09:35:15.0	221	235	54	—			—			12:08:54.5	55	22	47	10:52:34.2	138	125	54	196	0.914	0.903		
Izmit (Kocaeli)	40°46'N	029°55'E	—	09:42:41.2	221	228	52	—			—			12:13:50.5	56	23	43	10:59:02.7	139	122	51	202	0.907	0.894		
Karabuk	41°12'N	032°37'E	—	09:46:48.6	224	226	52	—			—			12:17:27.5	55	20	40	11:03:09.4	139	119	49	207	0.939	0.934		
Karaman	37°11'N	033°14'E	—	09:41:48.0	228	232	56	10:59:23.5	116	94	11:00:45.7	160	137	12:16:11.6	48	8	43	11:03:32.4	140	114	47	215	1.049	1.000	0.071	01m22s
Kayseri	38°43'N	035°30'E	—	09:47:22.5	229	228	55	11:04:01.8	110	85	11:05:45.0	167	142	12:19:49.0	49	9	40	11:04:53.5	319	293	50	213	1.048	1.000	0.120	01m43s
Kirsehir	39°09'N	034°10'E	—	09:45:59.8	227	228	54	11:01:47.0	23	360	11:05:02.9	255	231	12:18:29.6	51	12	41	11:03:25.1	139	115	50	210	1.048	1.000	0.562	03m16s
Konya	37°52'N	032°31'E	—	09:41:43.9	227	232	55	10:57:57.9	34	13	11:01:33.4	242	220	12:15:45.7	50	11	43	10:59:45.8	138	117	52	207	1.049	1.000	0.758	03m36s
Kütahya	39°25'N	029°59'E	—	09:40:36.3	223	231	54	—			—			12:13:21.5	54	19	44	10:57:45.7	138	121	52	202	0.939	0.935		
Malatya	38°21'N	038°07'E	—	09:51:16.6	232	226	55	—			—			12:22:41.6	47	5	38	11:08:31.8	319	290	49	218	0.950	0.947		
Manisa	38°36'N	027°26'E	—	09:35:55.8	221	234	54	—			—			12:09:25.0	55	22	46	10:53:11.7	138	125	54	196	0.915	0.904		
Maras	37°36'N	036°55'E	—	09:48:08.3	230	228	56	—			—			12:17:35.4	46	4	42	11:05:51.5	319	291	50	216	0.952	0.950		
Mersin	36°48'N	034°38'E	—	09:43:26.4	230	231	57	—			—			12:17:35.4	47	5	42	11:01:43.8	318	293	52	212	0.969	0.970		
Nevsehir	38°38'N	034°43'E	—	09:46:05.3	228	228	55	11:02:04.7	76	52	11:05:19.4	202	177	12:18:52.0	50	10	41	11:03:42.2	319	294	51	212	1.049	1.000	0.546	03m15s
Niksar	40°36'N	036°58'E	—	09:51:57.4	228	224	53	11:06:48.0	39	13	11:10:16.4	240	214	12:22:19.2	51	12	37	11:08:32.4	140	114	47	215	1.048	1.000	0.817	03m28s
Ordu	41°00'N	037°53'E	—	09:53:45.5	229	222	52	11:08:19.2	47	20	11:11:49.0	233	206	12:23:26.9	51	12	36	11:10:04.3	140	113	47	217	1.048	1.000	0.944	03m30s
Samsun	41°17'N	036°20'E	40	09:51:55.7	227	223	52	—			—			12:21:51.1	53	15	38	11:08:13.6	140	115	47	214	0.993	0.996		
Sivas	39°45'N	037°02'E	—	09:50:59.8	229	225	54	11:06:48.2	100	73	11:09:04.4	179	152	12:22:02.7	50	10	38	11:07:56.4	319	293	48	216	1.048	1.000	0.230	02m16s
Tarsus	36°55'N	034°53'E	—	09:43:59.9	230	231	56	—			—			12:17:57.9	47	5	42	11:02:13.2	318	293	52	212	0.968	0.969		
Tokat	40°19'N	036°34'E	—	09:51:01.5	228	224	53	11:06:00.5	42	17	11:09:31.7	237	211	12:21:46.3	51	12	38	11:07:46.3	319	290	48	214	1.048	1.000	0.873	03m31s
Turhal	40°24'N	036°06'E	—	09:50:37.0	234	227	53	11:05:40.2	19	354	11:08:44.2	260	234	12:21:17.0	52	13	38	11:07:12.3	139	114	48	214	1.048	1.000	0.494	03m04s
Urfa	37°08'N	038°46'E	—	09:50:37.0	234	227	56	—			—			12:22:22.4	44	0	38	11:08:00.4	319	288	49	220	0.911	0.899		
Usak	38°41'N	029°25'E	—	09:38:39.7	223	233	54	—			—			12:12:13.1	53	18	45	10:56:09.5	138	122	53	201	0.947	0.944		
Yildizeli	39°52'N	036°38'E	—	09:50:33.1	229	225	53	11:05:51.0	73	47	11:09:07.4	206	180	12:21:39.5	50	10	38	11:07:29.3	319	293	48	215	1.048	1.000	0.606	03m16s
Yozgat	39°50'N	034°48'E	—	09:47:51.2	227	226	54	11:03:42.5	2	338	11:06:09.3	276	252	12:19:33.1	51	13	40	11:04:56.0	139	115	49	211	1.048	1.000	0.266	02m27s
Zile	40°18'N	035°54'E	—	09:50:02.8	228	225	53	11:05:20.0	18	353	11:08:21.8	261	236	12:21:01.2	52	13	39	11:06:51.0	139	114	48	213	1.048	1.000	0.474	03m02s

TABLE 18
LOCAL CIRCUMSTANCES FOR RUSSIA
TOTAL SOLAR ECLIPSE OF 2006 MARCH 29

Location Name	Latitude	Longitude	Elev.	First Contact U.T.	P	V	Alt	Second Contact U.T.	P	V	Third Contact U.T.	P	V	Fourth Contact U.T.	P	V	Alt	Maximum Eclipse U.T.	P	V	Alt	Azm	Eclip. Mag.	Eclip. Obs.	Umbral Depth	Umbral Durat.
			m	h m s	°	°	°	h m s	°	°	h m s	°	°	h m s	°	°	°	h m s	°	°	°	°				
RUSSIA																										
Arkangel'sk	64°30'N	040°25'E	7	10:20:56.9	203	196	28	—			—			12:10:57.2	88	70	22	11:16:29.2	146	133	26	212	0.479	0.372		
Astrachan	46°21'N	048°03'E	—	10:12:19.2	231	211	44	11:24:07.9	339	307	11:24:57.8	308	276	12:33:02.0	56	17	26	11:24:32.9	143	111	36	229	1.045	1.000	0.036	00m50s
Barnaul	53°22'N	083°45'E	—	10:43:40.3	237	202	18	—			—			12:41:21.4	64	27	1	11:44:14.8	150	114	10	263	0.971	0.972		
Bijsk	52°34'N	085°15'E	—	10:44:50.0	238	203	18	—			—			12:41:57.4	63	25	1	11:45:08.9	151	113	9	264	0.997	0.998		
Bud'onnovsk	44°46'N	044°09'E	—	10:06:11.9	230	214	47	11:19:07.7	350	320	11:20:38.2	294	264	12:30:03.0	55	15	30	11:19:53.1	142	112	40	225	1.046	1.000	0.115	01m30s
Cerepovec	59°08'N	037°54'E	—	10:14:27.5	208	202	34	—			—			12:15:36.6	81	59	26	11:15:44.9	144	129	31	210	0.577	0.484		
Cerkessk	44°14'N	042°04'E	—	10:02:59.6	229	216	48	—			—			12:28:10.9	55	16	31	11:17:15.0	141	113	41	222	0.992	0.995		
Chadan	51°16'N	091°35'E	—	10:48:17.2	242	204	14	—			—			—				11:46:59.8	332	293	5	270	1.000	1.000		
Chelyabinsk	55°10'N	061°24'E	—	10:28:49.3	226	202	30	—			—			12:35:28.7	68	34	15	11:33:46.5	147	117	23	241	0.849	0.818		
Ekaterinburg	48°05'N	039°40'E	272	10:04:04.4	222	213	45	—			—			12:25:19.0	62	29	31	11:16:02.5	142	118	40	217	0.862	0.836		
Georgijevsk	44°09'N	043°28'E	—	10:04:45.9	230	215	48	11:17:26.2	22	352	11:20:16.4	262	231	12:29:27.2	54	14	30	11:18:51.5	142	112	40	224	1.046	1.000	0.499	02m50s
Gorki	56°20'N	044°00'E	—	10:15:55.7	215	204	35	—			—			12:23:49.2	74	47	25	11:20:57.9	144	124	31	219	0.696	0.627		
Gorno-Altajsk	51°58'N	085°58'E	—	10:45:31.4	239	203	17	11:44:40.9	51	13	11:46:45.3	251	213	—				11:45:43.2	151	113	8	265	1.037	1.000	0.827	02m04s
Groznyj	43°20'N	045°42'E	—	10:07:07.7	233	215	48	—			—			12:31:19.3	52	10	29	11:21:08.0	322	289	40	228	0.986	0.989		
Irkutsk	52°16'N	104°20'E	467	10:50:26.9	240	202	5	—			—			—				11:27 Set	—	—	0	276	0.664	0.586		
Jaroslavl'	57°37'N	039°52'E	—	10:14:09.9	211	203	35	—			—			12:19:00.7	78	53	26	11:17:27.0	144	127	32	213	0.629	0.545		
Jessentuki	44°03'N	042°51'E	—	10:03:51.3	229	216	48	11:16:55.2	7	337	11:19:15.5	276	247	12:28:53.8	54	15	31	11:18:05.5	142	112	41	223	1.046	1.000	0.295	02m20s
Kazan	55°49'N	049°08'E	—	10:19:29.3	219	203	35	—			—			12:28:09.2	71	42	22	11:25:07.1	145	121	29	226	0.751	0.695		
Kazantsevo	51°30'N	095°31'E	—	10:49:21.5	242	203	11	11:46:08.9	86	47	11:47:53.8	218	179	—				11:47:01.5	332	293	2	273	1.035	1.000	0.595	01m45s
Kemerovo	55°20'N	086°05'E	—	10:43:40.6	234	201	16	—			—			12:39:29.8	68	33	1	11:43:10.9	151	116	8	264	0.914	0.900		
Kirovograd	57°26'N	060°04'E	—	10:28:14.8	222	201	29	—			—			12:32:30.5	72	41	15	11:31:48.6	147	120	23	238	0.778	0.728		
Kislovodsk	43°55'N	042°44'E	—	10:03:34.6	230	216	48	11:16:35.0	14	345	11:19:12.1	269	239	12:28:47.1	54	14	31	11:17:53.7	142	112	41	223	1.046	1.000	0.390	02m37s
Krasnodar	45°02'N	039°00'E	—	09:59:55.8	225	217	48	—			—			12:25:11.1	58	21	33	11:13:59.3	141	116	42	217	0.933	0.926		
Krasnojarsk	56°01'N	092°50'E	152	10:45:39.7	234	200	12	—			—			—				11:43:22.0	152	117	4	270	0.893	0.873		
Kujbysev	53°12'N	050°09'E	—	10:18:45.3	223	205	37	—			—			12:31:09.2	67	34	22	11:26:28.1	145	118	30	229	0.829	0.794		
Kurgan	55°26'N	065°18'E	—	10:31:42.9	227	202	28	—			—			12:36:39.2	68	34	12	11:35:49.9	148	116	20	245	0.860	0.833		
Kursk	51°42'N	036°12'E	—	10:04:48.9	215	210	41	—			—			12:20:10.0	70	42	31	11:13:28.5	142	124	38	210	0.732	0.672		
Kyzyl	51°42'N	094°27'E	—	10:48:54.9	241	203	12	11:45:53.5	69	31	11:47:48.6	235	196	—				11:46:51.2	332	293	3	272	1.035	1.000	0.871	01m55s
Lipeck	52°37'N	039°35'E	—	10:08:49.7	217	208	40	—			—			12:23:00.1	70	41	29	11:17:01.8	143	123	36	215	0.747	0.690		
Machackala	42°58'N	047°30'E	—	10:09:23.9	235	215	47	—			—			12:32:43.4	50	8	28	11:23:04.5	322	288	39	230	0.954	0.953		
Magnitogorsk	53°27'N	059°04'E	—	10:26:39.7	228	204	33	—			—			12:36:00.8	65	30	16	11:33:03.3	146	115	25	239	0.885	0.865		
Mineral'nyje	44°12'N	043°08'E	—	10:04:22.0	229	216	48	11:17:22.2	5	335	11:19:36.2	279	249	12:29:09.4	54	15	31	11:18:29.3	142	112	41	224	1.046	1.000	0.267	02m14s
Moscow	55°45'N	037°35'E	154	10:10:36.6	212	205	37	—			—			12:18:38.8	76	51	28	11:15:29.6	144	127	34	211	0.651	0.572		
Nabereznyje	55°42'N	052°19'E	—	10:21:55.2	221	203	34	—			—			12:30:19.8	70	39	20	11:27:31.5	146	120	27	230	0.777	0.728		
Nal'cik	43°29'N	043°37'E	—	10:04:22.7	231	216	48	11:17:12.8	73	43	11:20:16.8	210	179	12:29:33.0	53	12	31	11:18:45.0	322	291	41	225	1.046	1.000	0.633	03m04s
Niznij Tagil	57°55'N	059°57'E	—	10:28:16.3	221	201	29	—			—			12:31:53.7	73	42	15	11:31:28.6	147	120	22	238	0.764	0.710		
Novokuzneck	53°45'N	087°06'E	—	10:44:58.1	237	202	16	—			—			—				11:44:35.8	151	115	8	266	0.961	0.960		
Novosibirsk	55°02'N	082°55'E	—	10:42:25.7	234	201	18	—			—			12:39:51.9	67	32	2	11:42:47.7	150	115	10	262	0.920	0.908		
Omsk	55°00'N	073°24'E	85	10:37:13.0	231	202	24	—			—			12:39:05.7	66	31	8	11:39:51.7	149	115	16	253	0.903	0.887		
Orenburg	51°54'N	055°06'E	—	10:22:41.7	228	205	36	—			—			12:35:10.2	63	28	19	11:30:40.9	145	115	28	235	0.903	0.888		
Orsk	51°12'N	058°34'E	—	10:25:46.3	231	205	34	—			—			12:37:26.7	61	24	17	11:33:28.8	146	113	26	240	0.948	0.944		
P'atigorsk	44°03'N	043°04'E	—	10:04:08.6	230	216	48	11:17:01.0	15	346	11:19:40.3	268	238	12:29:05.5	54	15	31	11:18:20.8	142	112	41	223	1.046	1.000	0.409	02m39s
Penza	53°13'N	045°00'E	—	10:14:10.3	220	206	38	—			—			12:27:20.0	69	38	25	11:22:04.6	144	120	33	222	0.784	0.737		
Perm	58°00'N	056°15'E	—	10:25:47.2	220	201	30	—			—			12:30:02.8	73	44	17	11:29:14.2	146	121	24	234	0.741	0.682		
Prochladnyj	43°46'N	044°00'E	—	10:05:08.7	231	216	48	11:17:43.5	65	34	11:20:54.9	218	187	12:29:54.5	53	13	30	11:19:19.4	322	291	40	225	1.046	1.000	0.769	03m11s
Prokopjevsk	53°53'N	086°45'E	—	10:44:44.7	236	202	16	—			—			—				11:44:26.2	151	115	8	265	0.957	0.955		
R'azan'	54°38'N	039°44'E	—	10:11:03.1	214	206	38	—			—			12:21:38.6	73	46	28	11:17:21.8	144	124	34	214	0.699	0.630		
Rostov-na-Donu	47°14'N	039°42'E	—	10:03:11.2	223	214	45	—			—			12:25:34.7	61	26	32	11:15:46.1	142	117	40	217	0.884	0.864		
Rubcovsk	51°33'N	081°10'E	—	10:43:16.8	239	204	21	11:43:48.1	76	37	11:45:55.7	224	186	12:42:44.1	61	22	3	11:44:52.0	330	292	11	261	1.038	1.000	0.731	02m08s
St. Petersburg	59°55'N	030°15'E	5	10:11:08.6	202	201	33	—			—			12:07:02.1	86	69	29	11:09:30.2	144	134	32	199	0.492	0.387		
Samara	53°12'N	050°09'E	—	10:18:45.3	223	205	37	—			—			12:31:09.2	67	34	22	11:26:28.1	145	118	30	229	0.829	0.794		
Saransk	54°11'N	045°11'E	—	10:15:06.5	218	205	37	—			—			12:26:42.8	70	40	25	11:22:10.9	144	121	32	222	0.761	0.707		
Saratov	51°34'N	046°02'E	60	10:13:49.6	222	208	39	—			—			12:29:18.2	65	32	25	11:23:02.2	144	118	33	224	0.837	0.804		
Soci	43°35'N	039°45'E	—	09:59:16.7	227	218	49	—			—			12:25:54.7	55	17	34	11:14:07.8	141	114	43	219	0.980	0.983		
Stavropol'	45°02'N	041°59'E	—	10:03:39.6	227	215	47	—			—			12:28:05.5	56	18	31	11:17:29.9	142	114	41	221	0.970	0.971		
Taganrog	47°12'N	038°56'E	—	10:02:17.2	222	214	46	—			—			12:24:49.2	61	27	32	11:14:53.7	142	118	41	216	0.876	0.854		
Tambov	52°43'N	041°25'E	—	10:10:32.8	218	208	40	—			—			12:24:38.2	69	39	28	11:18:47.4	143	122	35	217	0.763	0.710		
Toljatti	53°31'N	049°26'E	—	10:18:18.4	222	205	37	—			—			12:30:24.7	68	35	22	11:25:49.7	145	118	30	228	0.815	0.775		
Tomsk	56°30'N	084°58'E	—	10:42:37.8	232	200	17	—			—			12:38:20.9	69	36	1	11:42:01.8	151	117	9	263	0.878	0.855		
Tula	54°12'N	037°37'E	—	10:08:54.6	213	207	39	—			—			12:19:56.9	73	47	29	11:15:22.2	143	125	35	211	0.688	0.617		
T'umen'	57°09'N	065°32'E	—	10:31:53.2	225	201	27	—			—			12:34:53.5	71	38	12	11:34:54.6	148	118	20	244	0.812	0.771		
Ufa	54°44'N	055°56'E	174	10:24:24.7	224	203	33	—			—			12:33:19.4	68	35	18	11:30:25.7	146	118	26	235	0.829	0.793		
Uljanovsk	54°20'N	048°24'E	—	10:17:56.1	220	205	36	—			—			12:29:00.4	69	38	23	11:24:50.9	145	120	30	226	0.784	0.737		
Vladikavkaz	43°03'N	044°40'E	—	10:05:27.9	232	216	48	—			—			12:30:25.2	52	10	30	11:19:48.3	322	290	41	226	0.990	0.993		
Volgograd	48°44'N	044°25'E	—	10:09:53.0	225	211	43	—			—			12:29:25.7	61	26	28	11:21:13.5	143	116	36	223	0.897	0.881		

Total Solar Eclipse of 2006 March 29

TABLE 19
LOCAL CIRCUMSTANCES FOR ASIA
TOTAL SOLAR ECLIPSE OF 2006 MARCH 29

Location Name	Latitude	Longitude	Elev.	First Contact U.T. h m s	P °	V °	Alt	Second Contact U.T. h m s	P °	V °	Third Contact U.T. h m s	P °	V °	Fourth Contact U.T. h m s	P °	V °	Alt	Maximum Eclipse U.T. h m s	P °	V °	Alt	Azm	Eclip. Mag.	Eclip. Obs.	Umbral Depth	Umbral Durat.
			m																							
AFGHANISTAN																										
Kabul	34°31'N	069°12'E	1815	10:43:56.1	265	216	35	—			—			12:39:08.5	28	333	12	11:43:47.0	327	273	23	257	0.508	0.404		
BANGLADESH																										
Chittagong	22°20'N	091°50'E	—	11:34:22.6	311	243	7	—			—			—				11:55:23.4	332	264	2	273	0.067	0.021		
Dacca	23°43'N	090°25'E	—	11:28:11.5	304	238	9	—			—			—				11:55:12.9	332	265	3	272	0.111	0.044		
BHUTAN																										
Thimbu	27°28'N	089°39'E	—	11:16:57.3	291	229	13	—			—			—				11:55:17.3	332	269	4	272	0.233	0.132		
CHINA																										
Chengdu	30°39'N	104°04'E	—	11:13:13.5	283	223	1	—			—			—				11:18	Set	—	—	0	274	0.066	0.020		
Lanzhou	36°03'N	103°41'E	1556	11:05:37.0	271	216	3	—			—			—				11:21	Set	—	—	0	274	0.242	0.139		
Wulumuqi	43°48'N	087°35'E	906	10:52:25.2	254	209	17	—			—			—				11:50:56.9	331	285	7	268	0.765	0.712		
INDIA																										
Ahmadabad	23°02'N	072°37'E	55	11:11:29.9	299	233	30	—			—			12:14:20.4	356	289	15	11:43:36.7	327	261	22	264	0.117	0.048		
Calcutta	22°32'N	088°22'E	6	11:32:21.3	310	242	10	—			—			12:15:44.1	354	286	7	11:54:19.8	332	264	5	272	0.070	0.022		
Delhi	28°40'N	077°13'E	—	11:03:32.2	284	224	26	—			—			12:32:10.0	14	312	7	11:49:19.2	329	265	18	265	0.283	0.175		
Jaipur	26°55'N	075°49'E	—	11:05:28.2	288	226	27	—			—			12:27:49.9	9	306	9	11:47:55.2	328	265	18	265	0.230	0.129		
Kanpur	26°28'N	080°21'E	—	11:12:15.3	292	229	22	—			—			12:27:41.0	8	304	5	11:51:02.2	330	266	13	267	0.204	0.108		
Kanpur	26°28'N	080°21'E	—	11:12:15.3	292	229	22	—			—			12:27:41.0	8	304	5	11:51:02.2	330	266	13	267	0.204	0.108		
Lucknow	26°51'N	080°55'E	122	11:11:53.2	291	228	21	—			—			12:28:47.4	9	305	4	11:51:27.0	330	266	13	267	0.215	0.117		
Nagpur	21°09'N	079°06'E	—	11:32:26.1	314	245	19	—			—			12:04:36.5	344	275	12	11:48:36.5	329	260	15	268	0.032	0.007		
New Delhi	28°36'N	077°12'E	212	11:03:39.2	284	224	26	—			—			12:32:01.7	14	312	7	11:49:18.1	329	268	16	265	0.281	0.173		
Patna	25°36'N	085°07'E	—	11:19:03.2	296	232	16	—			—			12:26:14.8	5	301	1	11:53:29.1	331	266	9	270	0.170	0.083		
KAZAKHSTAN																										
Akt'ubinsk	50°17'N	057°10'E	—	10:24:12.9	231	206	36	—			—			12:37:18.3	60	22	18	11:32:40.1	146	112	28	238	0.965	0.965		
Alma-Ata	43°15'N	076°57'E	775	10:45:27.3	252	209	26	—			—			12:45:18.9	46	359	5	11:47:35.8	329	283	15	260	0.761	0.707	0.864	02m32s
Arkalyk	50°13'N	066°50'E	—	10:33:20.6	236	205	30	—			—			12:41:16.8	59	19	12	11:39:19.9	327	291	21	249	1.041	1.000		
Astana	51°10'N	071°30'E	—	10:36:57.9	237	204	27	11:38:03.8	65	28	—			12:41:52.7	60	21	9	11:41:22.9	148	111	18	253	1.040	1.000	0.648	02m17s
Aterau (Gurjev)	47°07'N	051°56'E	—	10:17:25.8	232	210	41	11:40:14.4	38	1	—			12:35:35.1	56	16	23	11:28:29.0	144	110	33	234	1.044	1.000	0.720	02m52s
Cimkent	42°18'N	069°36'E	—	10:38:44.5	251	210	32	11:27:02.7	38	4	—			12:43:49.4	44	356	10	11:43:37.7	328	282	21	255	0.757	0.702		
Ekibastuz	51°42'N	075°22'E	—	10:39:34.8	237	204	24	11:41:49.7	23	346	11:43:43.8	275	237	12:42:10.1	61	22	6	11:42:46.9	149	112	15	256	1.039	1.000	0.417	01m54s
Gurjev	47°07'N	051°56'E	—	10:17:25.8	232	210	41	11:27:02.7	38	4	11:29:55.0	250	217	12:35:35.1	56	16	23	11:28:29.0	144	110	33	234	1.044	1.000	0.720	02m52s
Karaganda	49°50'N	073°10'E	—	10:38:42.4	240	205	26	—			—			12:43:00.5	58	17	7	11:42:53.1	329	290	17	255	0.980	0.982		
Pavlodar	52°18'N	076°57'E	—	10:40:22.6	237	203	23	—			—			12:41:54.9	62	24	5	11:43:00.4	149	112	14	257	0.994	0.996		
Semipalatinsk	50°28'N	080°13'E	—	10:43:18.3	241	204	21	—			—			12:43:24.5	59	19	3	11:45:16.8	330	291	12	261	0.982	0.984		
Ust'-Kamenogorsk	49°58'N	082°38'E	—	10:45:01.3	242	205	20	—			—			12:43:45.4	58	18	1	11:46:18.1	330	290	10	263	0.963	0.962		
Zhambyl	42°54'N	071°22'E	—	10:40:19.5	251	210	31	—			—			12:44:19.6	45	358	9	11:44:38.3	328	282	20	256	0.768	0.716		
KYRGYZSTAN																										
Bishkek (Frunze)	42°54'N	074°36'E	—	10:43:33.2	252	210	28	—			—			12:44:57.2	45	358	6	11:46:30.8	329	282	17	259	0.756	0.701		
MONGOLIA																										
Ulaanbaatar	47°55'N	106°53'E	1307	10:53:56.1	248	206	3	—			—			—				11:14	Set	—	—	0	275	0.367	0.254		
NEPAL																										
Kathmandu	27°43'N	085°19'E	1348	11:13:43.8	290	228	17	—			—			12:31:36.3	12	310	0	11:53:48.2	331	268	8	270	0.240	0.137		
PAKISTAN																										
Faisalabad	31°25'N	073°05'E	—	10:53:15.9	275	220	31	—			—			12:36:08.2	21	322	10	11:46:36.5	328	270	20	261	0.388	0.276		
Islamabad	33°42'N	073°10'E	—	10:50:19.9	270	217	31	—			—			12:39:14.9	26	330	9	11:46:52.5	328	272	20	261	0.462	0.354		
Karachi	24°52'N	067°03'E	4	10:54:30.2	287	226	38	—			—			12:19:41.6	4	299	19	11:38:23.0	326	262	28	260	0.209	0.112		
Lahore	31°35'N	074°18'E	—	10:54:41.3	275	220	30	—			—			12:36:41.1	21	323	8	11:47:34.2	328	270	19	262	0.389	0.276		
Rawalpindi	33°36'N	073°04'E	511	10:50:19.9	270	217	31	—			—			12:39:07.0	26	329	9	11:46:48.3	328	272	20	261	0.460	0.351		
TAJIKISTAN																										
Dusanbe	38°35'N	068°48'E	—	10:40:00.6	257	213	34	—			—			12:42:17.4	37	345	11	11:43:31.4	327	278	23	255	0.641	0.560		
TURKMENISTAN																										
Aschabad	37°57'N	058°23'E	—	10:24:53.6	251	214	44	—			—			12:37:45.3	37	347	20	11:33:46.5	324	278	32	246	0.694	0.625		
UZBEKISTAN																										
Andizan	40°45'N	072°22'E	—	10:42:45.6	255	211	30	—			—			12:44:07.6	41	351	8	11:45:45.7	328	280	19	258	0.695	0.625		
Namangan	41°00'N	071°40'E	—	10:41:49.2	254	211	31	—			—			12:44:02.8	41	352	9	11:45:15.8	328	280	20	257	0.706	0.639		
Samarkand	39°40'N	066°48'E	—	10:36:44.2	254	212	36	—			—			12:42:12.9	39	349	13	11:41:53.1	327	279	24	253	0.687	0.616		
Taskent	41°20'N	069°18'E	—	10:38:55.5	252	211	33	—			—			12:43:32.8	42	353	11	11:43:36.0	327	281	22	255	0.727	0.665		

TABLE 20

SOLAR ECLIPSES OF SAROS SERIES 139

First Eclipse: 1501 May 17   Duration of Series: 1262.1 yrs.
Last Eclipse: 2763 Jul 03   Number of Eclipses: 71

Saros Summary: Partial: 16   Annular: 0   Total: 43   Hybrid: 12

Date	Eclipse Type	Gamma	Mag./Width	Center Durat.	Date	Eclipse Type	Gamma	Mag./Width	Center Durat.
1501 May 17	Pb	1.500	0.091		2222 Aug 08	T	-0.383	270	07m06s
1519 May 28	P	1.418	0.235		2240 Aug 18	T	-0.452	270	06m40s
1537 Jun 07	P	1.337	0.380		2258 Aug 29	T	-0.516	269	06m09s
1555 Jun 19	P	1.254	0.530		2276 Sep 09	T	-0.575	266	05m33s
1573 Jun 29	P	1.172	0.678		2294 Sep 20	T	-0.630	263	04m57s
1591 Jul 20	P	1.091	0.826		2312 Oct 01	T	-0.678	257	04m20s
1609 Jul 30	P	1.014	0.966		2330 Oct 13	T	-0.720	251	03m46s
1627 Aug 11	H	0.940	2	00m01s	2348 Oct 23	T	-0.756	242	03m14s
1645 Aug 21	H	0.871	28	00m16s	2366 Nov 03	T	-0.786	231	02m47s
1663 Sep 01	H	0.807	38	00m29s	2384 Nov 14	T	-0.810	217	02m22s
1681 Sep 12	H	0.750	43	00m40s	2402 Nov 25	T	-0.829	202	02m02s
1699 Sep 23	H	0.700	46	00m49s	2420 Dec 05	T	-0.843	185	01m45s
1717 Oct 04	H	0.656	47	00m56s	2438 Dec 17	T	-0.853	167	01m30s
1735 Oct 16	H	0.620	48	01m02s	2456 Dec 27	T	-0.861	150	01m19s
1753 Oct 26	H	0.591	49	01m08s	2475 Jan 08	T	-0.867	136	01m10s
1771 Nov 06	H	0.567	50	01m13s	2493 Jan 18	T	-0.874	123	01m02s
1789 Nov 17	H	0.550	52	01m19s	2511 Jan 30	T	-0.881	114	00m57s
1807 Nov 29	H	0.538	55	01m26s	2529 Feb 10	T	-0.890	108	00m53s
1825 Dec 09	H	0.530	60	01m34s	2547 Feb 21	T	-0.904	106	00m50s
1843 Dec 21	T	0.523	66	01m43s	2565 Mar 03	T	-0.921	106	00m46s
1861 Dec 31	T	0.519	74	01m55s	2583 Mar 15	T	-0.945	115	00m42s
1880 Jan 11	T	0.514	84	02m07s	2601 Mar 26	T	-0.973	141	00m36s
1898 Jan 22	T	0.508	96	02m21s	2619 Apr 06	P	-1.010	0.978	
1916 Feb 03	T	0.499	108	02m36s	2637 Apr 17	P	-1.052	0.901	
1934 Feb 14	T	0.487	123	02m52s	2655 Apr 28	P	-1.102	0.810	
1952 Feb 25	T	0.470	138	03m09s	2673 May 08	P	-1.157	0.709	
1970 Mar 07	T	0.447	153	03m28s	2691 May 20	P	-1.220	0.593	
1988 Mar 18	T	0.419	169	03m46s	2709 May 31	P	-1.286	0.471	
2006 Mar 29	T	0.384	183	04m07s	2727 Jun 11	P	-1.358	0.339	
2024 Apr 08	T	0.343	197	04m28s	2745 Jun 22	P	-1.434	0.201	
2042 Apr 20	T	0.296	210	04m51s	2763 Jul 03	Pe	-1.512	0.058	
2060 Apr 30	T	0.242	222	05m15s					
2078 May 11	T	0.184	232	05m40s					
2096 May 22	T	0.120	241	06m06s					
2114 Jun 03	T	0.053	248	06m32s					
2132 Jun 13	Tm	-0.018	255	06m55s					
2150 Jun 25	T	-0.091	260	07m14s					
2168 Jul 05	T	-0.166	264	07m26s					
2186 Jul 16	T	-0.239	267	07m29s					
2204 Jul 27	T	-0.313	269	07m22s					

Eclipse Type: P - Partial   Pb - Partial Eclipse (Saros Series Begins)
                A- - Non-central Annular Pe - Partial Eclipse (Saros Series Ends)
                T - Total   Tm - Middle Eclipse of Saros series.
                H - Hybrid (Annular/Total)   Tn - Total Eclipse (no northern limit).

Note: Mag./Width column gives either the eclipse magnitude (for partial eclipses)
       or the umbral path width in kilometers (for total and annular eclipses).

Total Solar Eclipse of 2006 March 29

Table 21: Weather Statistics for March along the Eclipse Path

Location	Percent of possible sunshine	Percent Frequency of (cloud cover)				Percent Probability of seeing eclipse	Mean Cloud Cover (10ths)	% obs with precipitation at eclipse time	% obs with fog at eclipse time	% obs with smoke or haze at eclipse time	% obs with dust at eclipse time	Tmax (°C)	Tmin (°C)
		Clear	Scattered	Broken	Overcast & Obscured								
Brazil													
Natal*	-	1.5	37.5	45.7	15.3	39	5.3	12.5	2.9	2.7	0	31	22
Recife	54	0.2	39.2	48.0	12.6	39	5.5	13.8	18.9	0.2	0	30	23
Ascension Island													
Wide-Awake Field	-	0.0	55.2	40.0	5.3	49	3.9	-	-	-	-	-	-
Ivory Coast													
Abidjan	59	1.1	28.9	61.6	8.4	36	6.3	4.2	1.9	1.7	1.3	31	25
Ghana													
Accra*	57	3.4	15.4	79.2	2	32	6.3	0.8	6.8	13.1	1.2	31	26
Ada*	-	5.4	20.3	71.6	2.7	36	5.8	2.7	4.1	4.1	0	31	28
Takoradi*	60	2.6	29.6	66.1	1.7	39	5.9	2.6	6.1	0.9	0.9	29	26
Togo													
Atakpame*	57	5.4	10.5	78.6	5.6	31	4.9	0.7	0.7	8.5	0	34	22
Lome*	61	0.9	12.8	82.6	3.6	29	5.8	2.5	1.1	1.8	1.3	33	25
Tabligbo*	-	1.6	14.2	78.9	5.3	30	5.9	1.2	0.6	0	0.9	33	25
Benin													
Cotonou	60	0	0.8	94.4	4.8	22	5.8	2.9	0.6	2.3	0.2	32	26
Bohicon*	55	0	2.3	92.6	5.1	22	5.9	0.6	0.2	1	0.2	35	24
Kandi	70	0	15.2	83.6	1.1	30	2.4	0.7	0.0	36.2	2	38	23
Parakou*	-	3.1	8.4	84.7	3.9	28	4.5	1	0.4	12.6	0.4	36	23
Savé*	59	0	3.9	88	8.1	23	4.8	0.6	0.2	4.0	0.4	36	23
Nigeria													
Lagos	46	1.2	20	71.8	7.1	32	7.5	5.7	60.2	0	2.3	33	24
Ibadan	53	1.3	1.3	94.8	2.6	24	5.8	2.6	71.8	0	1.3		
Minna	59						2.3	1.1	0.0	49.5	11	37	25
Gusau*	-	10.8	9.5	78.4	1.4	35	1.9	0	1.4	56.9	0	32	28
Kaduna	72	16.2	11.7	70.3	1.8	40	2.3	1	0.0	48.2	4.5	30	26
Niger													
Maradi*	72	0.2	15.2	79.7	4.9	29	1.7	0.4	0.0	31.6	25.6	37	20
Magaria*	73	0.6	22.9	73.8	2.8	34	1.7	0.8	0.3	20.1	14.6	38	18
Zinder*	74	2.1	14.8	79.6	3.5	31	2.5	0.4	0.0	25	24.4	36	21
Bilma*	77	5.4	33.9	59.9	0.8	43	1.3	0.5	0.0	19.2	22.5	33	15
Chad													
Faya-Largeau	82						2.5	<1	-	-	-	34	18
Libya													
Benghazi	66	14.5	25.4	51.1	9.1	44	5.0	6.8	0.4	2.1	15.1	21	11
Darnah	55						5.0	5	-	-	-	18	13
Al Kufrah	79						1.3	0	-	-	-	27	10
Tobruk	-	17.1	40.4	29.5	13	53	4.1	3.1	0.0	3.1	6.2	18	13
Egypt													
Siwa Oasis	73						2.6	-	-	-	-	25	10
Cairo	74	31	31.1	33.5	4.5	61	2.5	2.5	0.2	5.6	11.1		
Alexandria	73	15.6	18.4	60	6.0	42	5.0	3.5	0.3	1.3	4.0	21	11
Marsa Matruh	69						3.7	-	-	-	-		
As Sallum*	75	38.5	17.7	36.9	6.9	60	3.8	1.9	0.0	0.0	7.1	21	11
Turkey													
Antalya*	60	17.5	35.7	22.4	12.7	48	6.4	8.3	2.7	0.0	-	18	8
Konya*	-	10.5	34.8	44.4	10.2	46	5.6	10.7	11.5	21.3	-	12	0
Ankara	47	8.9	30.8	48.2	12.2	42	6.1	12.3	5.8	10.0	-	12	1
Kayseri*	-	12.1	30	42.7	15.3	43	7.4	12.5	9.0	16.2	-	10	-1
Samsun	28	8.1	20.9	42.1	28.9	33	6.6	25.0	13.6	2.0	-	12	5
Sivas*	38	18.4	20.3	40.7	20.6	42	7.7	22.1	0.2	0.0	-	8	-2
Trabzon	32	13	18.3	36.9	31.8	34	6.8	20.8	16.5	0.4	-	11	6
Georgia													
Sukhumi*	-	6.7	24.9	34.2	34.2	32	7.5	17.1	6.4	0.0	-	12	5
Poti*	-	18.3	15.20	32.3	34.2	37	6.9	23.3	3.0	0.0	-	11	6
Tbilisi	38	9.8	23.5	34.2	32.5	34	7.6	11.2	39.4	4.8	-	10	2
Gudauta*	-	10.3	16.3	46.1	27.3	32	7.5	18.1	14.0	0.0	-	11	6
Russia													
Mineral'nyye Vody*	-	8.4	12.5	32.7	46.4	25	6.7	22.1	18.4	0.0	0.8	6	-1
Divnoye	-	12.1	10.9	32.5	44.5	27	6.4	9.3	28.6	0.0	1.1	6	-1
Ordzhonikidze	-	10.0	11.4	28.1	50.5	25	6.7	17.3	26.2	0.2	0.2	4	-2
Astrakhan*	45						5.1					5	-4
Omsk	50	22.6	14.7	32.5	30.2	40	-	11.0	20.5	9.0	0.2	-3	-11
Novosibirsk	46	24.0	11.8	9.8	54.4	35	-	19.6	3.1	10.5	0.4	-3	-11
Novokuznetsk	-	19.1	15.8	17.1	48.0	34	-	20.0	0.6	11.0	-	-2	-10
Kazakhstan													
Novyj Ustogan	-	20.4	15.5	37.1	26.9	40	5.4	7.1	1.2	0.0	0.5	4	-3
Ural'sk	45	-	-	-	-	-	-	-	-	-	-		
Aktjubinsk	48	-	-	-	-	-	-	-	-	-	-	-3	-13
Gur'yev	45	-	-	-	-	-	-	-	-	-	-		
Kazalinsk	52	31.3	17.2	24.2	27.3	49	-	4.1	0.7	0.0	0.0	3	-5
Karaganda	51	-	-	-	-	-	-	-	-	-	-	-3	-13
Semipalatinsk	54	-	-	-	-	-	-	-	-	-	-	-2	-13
Mongolia													
Ulaangom	63	-	-	-	-	-	-	-	-	-	-	-12	-25

* = within eclipse track

Explanation of Statistics in Table 21

Column 1: Station name. Spellings may vary.
Column 2: Latitude of the observation site.
Column 3: Longitude of the observation site
Column 4: The percent of possible sunshine. Unless provided directly by the climate statistics of the country of origin, the average number of hours of sunshine per day, divided by the number of hours between sunrise and sunset at mid-month. This is the best indication of the probability of seeing the eclipse.
Columns 5-8: The percent frequency of cloud cover observations within one of five categories. Clear: no cloud observed. Scattered: any cloud amount up to four-eights of sky cover. Broken: 5 to 7 eights of sky cover. Overcast: 8 eights sky cover. Obscured: sky obscured by fog, mist, precipitation or other phenomenon. Thin cloud is not represented in the observations and so cloud cover is biased toward heavier amounts. The statistics are converted from eights to tenths of sky cover in the table.
Column 9: Probability of seeing the eclipse. A simple calculation of the probability of seeing the eclipse based on the cloud cover statistics. The formula is $C+(S/100)*72+(B/100)*22.5$. The formula assumes that an average of 72% of the sky is clear for observations of scattered cloud and that 22.5% is clear for observations of broken cloud. The probability is strongly affected by the presence of thin cloud which would be observed as a heavier amount.
Column 10: Mean cloud cover in tenths. Taken from published statistics where available or from the satellite observations for the location of the station.
Column 11: Percent observations with precipitation at eclipse time. Climate statistics are available at three hour intervals. This statistic and those in columns 12 to 14 are taken from the hour closest to the local time of the eclipse. Precipitation includes all types, including rain, drizzle, snow, sleet, freezing drizzle, freezing rain, tornadoes and so on.
Column 12: Percent observations with fog at eclipse time. Includes fog and ice fog. Visibility thresholds are not given but are likely for visibilities below 6 miles.
Column 13: Percent observations (at eclipse time) with smoke and haze. No thresholds for visibility are given; it probably varies from country to country.
Column 14: Percent observations with dust at eclipse time. Likely for visibilities below 6 miles.
Column 15: Tmax. Average daily maximum temperature for the month in degrees Celsius.
Column 16: Tmin. Average daily minimum temperature for the month in degrees Celsius.

TABLE 22
35 MM FIELD OF VIEW AND SIZE OF SUN'S IMAGE FOR VARIOUS PHOTOGRAPHIC FOCAL LENGTHS

Focal Length	Field of View	Size of Sun
28 mm	49° x 74°	0.2 mm
35 mm	39° x 59°	0.3 mm
50 mm	27° x 40°	0.5 mm
105 mm	13° x 19°	1.0 mm
200 mm	7° x 10°	1.8 mm
400 mm	3.4° x 5.1°	3.7 mm
500 mm	2.7° x 4.1°	4.6 mm
1000 mm	1.4° x 2.1°	9.2 mm
1500 mm	0.9° x 1.4°	13.8 mm
2000 mm	0.7° x 1.0°	18.4 mm
2500 mm	0.6° x 0.8°	22.9 mm

Image Size of Sun (mm) = Focal Length (mm) / 109

TABLE 23
SOLAR ECLIPSE EXPOSURE GUIDE

ISO				f/Number				
25	1.4	2	2.8	4	5.6	8	11	16	22
50	2	2.8	4	5.6	8	11	16	22	32
100	2.8	4	5.6	8	11	16	22	32	44
200	4	5.6	8	11	16	22	32	44	64
400	5.6	8	11	16	22	32	44	64	88
800	8	11	16	22	32	44	64	88	128
1600	11	16	22	32	44	64	88	128	176

Subject	Q				Shutter Speed				
Solar Eclipse									
Partial[1] - 4.0 ND	11	—	—	—	1/4000	1/2000	1/1000	1/500	1/250	1/125
Partial[1] - 5.0 ND	8	1/4000	1/2000	1/1000	1/500	1/250	1/125	1/60	1/30	1/15
Baily's Beads[2]	11	—	—	—	1/4000	1/2000	1/1000	1/500	1/250	1/125
Chromosphere	10	—	—	1/4000	1/2000	1/1000	1/500	1/250	1/125	1/60
Prominences	9	—	1/4000	1/2000	1/1000	1/500	1/250	1/125	1/60	1/30
Corona - 0.1 Rs	7	1/2000	1/1000	1/500	1/250	1/125	1/60	1/30	1/15	1/8
Corona - 0.2 Rs[3]	5	1/500	1/250	1/125	1/60	1/30	1/15	1/8	1/4	1/2
Corona - 0.5 Rs	3	1/125	1/60	1/30	1/15	1/8	1/4	1/2	1 sec	2 sec
Corona - 1.0 Rs	1	1/30	1/15	1/8	1/4	1/2	1 sec	2 sec	4 sec	8 sec
Corona - 2.0 Rs	0	1/15	1/8	1/4	1/2	1 sec	2 sec	4 sec	8 sec	15 sec
Corona - 4.0 Rs	-1	1/8	1/4	1/2	1 sec	2 sec	4 sec	8 sec	15 sec	30 sec
Corona - 8.0 Rs	-3	1/2	1 sec	2 sec	4 sec	8 sec	15 sec	30 sec	1 min	2 min

Exposure Formula: $t = f^2 / (I \times 2^Q)$ where: t = exposure time (sec)
  f = f/number or focal ratio
  I = ISO film speed
  Q = brightness exponent

Abbreviations: ND = Neutral Density Filter.
  Rs = Solar Radii.

Notes: [1] Exposures for partial phases are also good for annular eclipses.
  [2] Baily's Beads are extremely bright and change rapidly.
  [3] This exposure also recommended for the 'Diamond Ring' effect.

F. Espenak - 2001 Aug

FIGURES

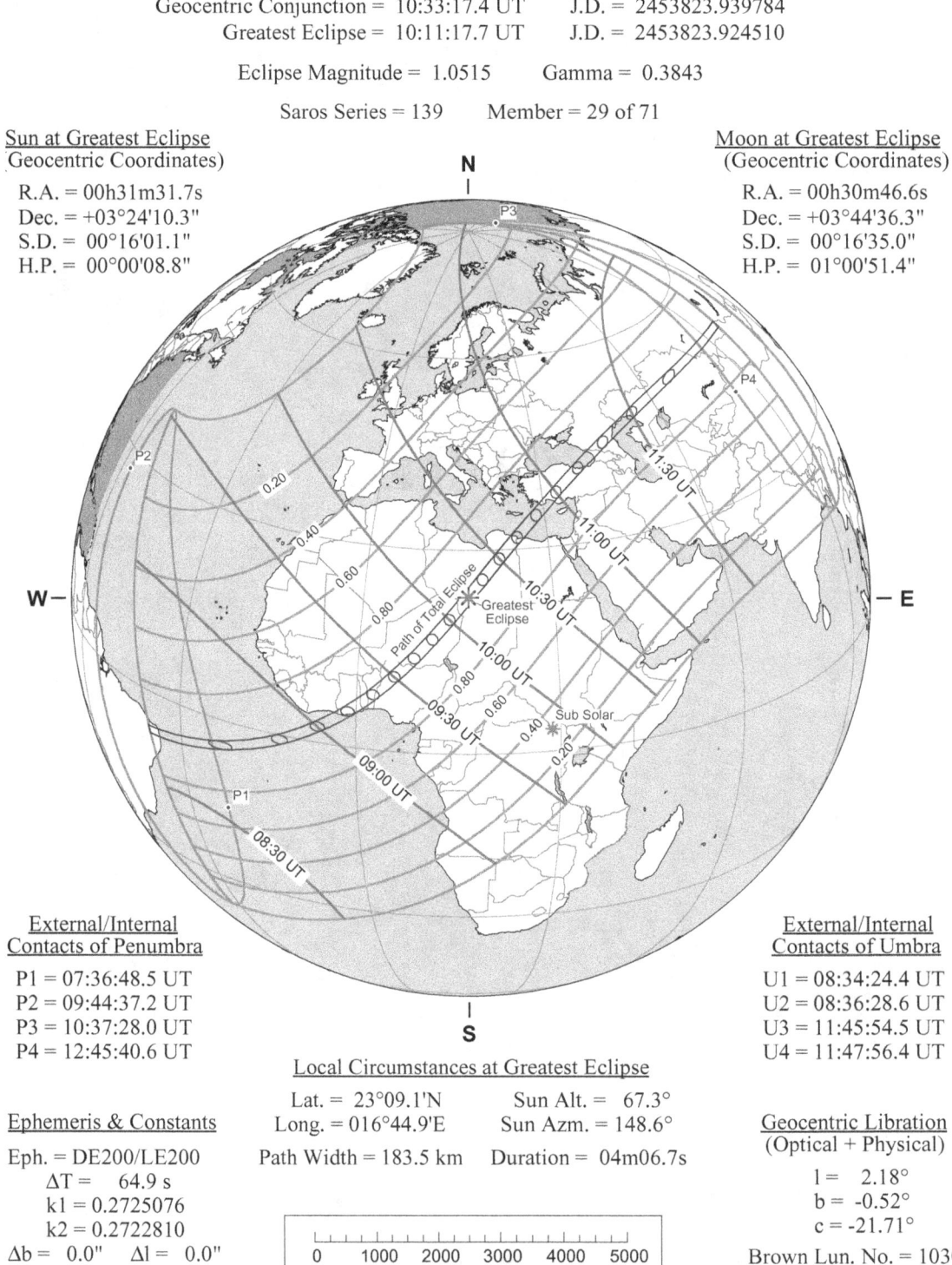

FIGURE 1: ORTHOGRAPHIC PROJECTION MAP OF THE ECLIPSE PATH

FIGURE 2: PATH OF THE ECLIPSE THROUGH AFRICA
Total Solar Eclipse of 2006 Mar 29

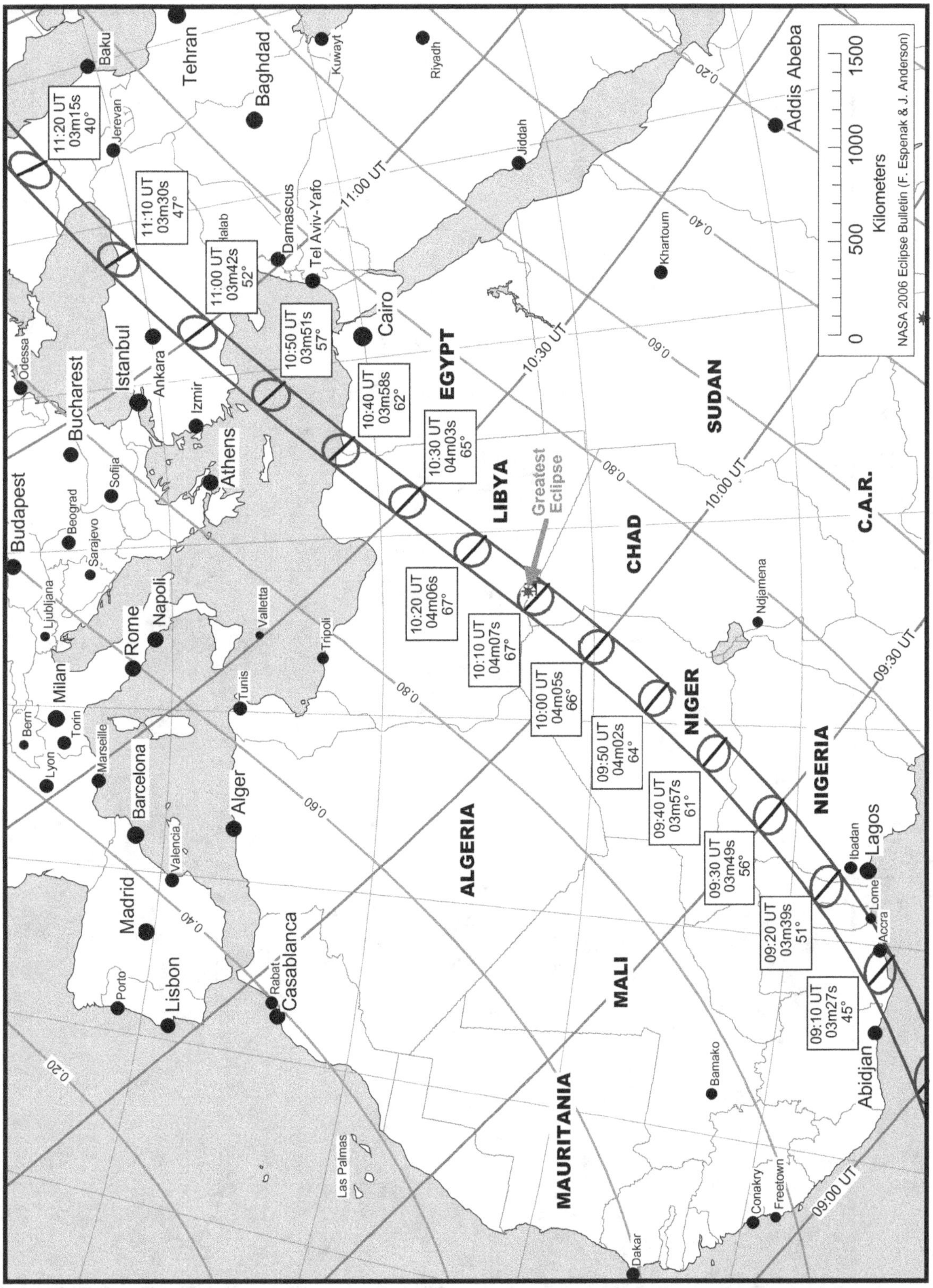

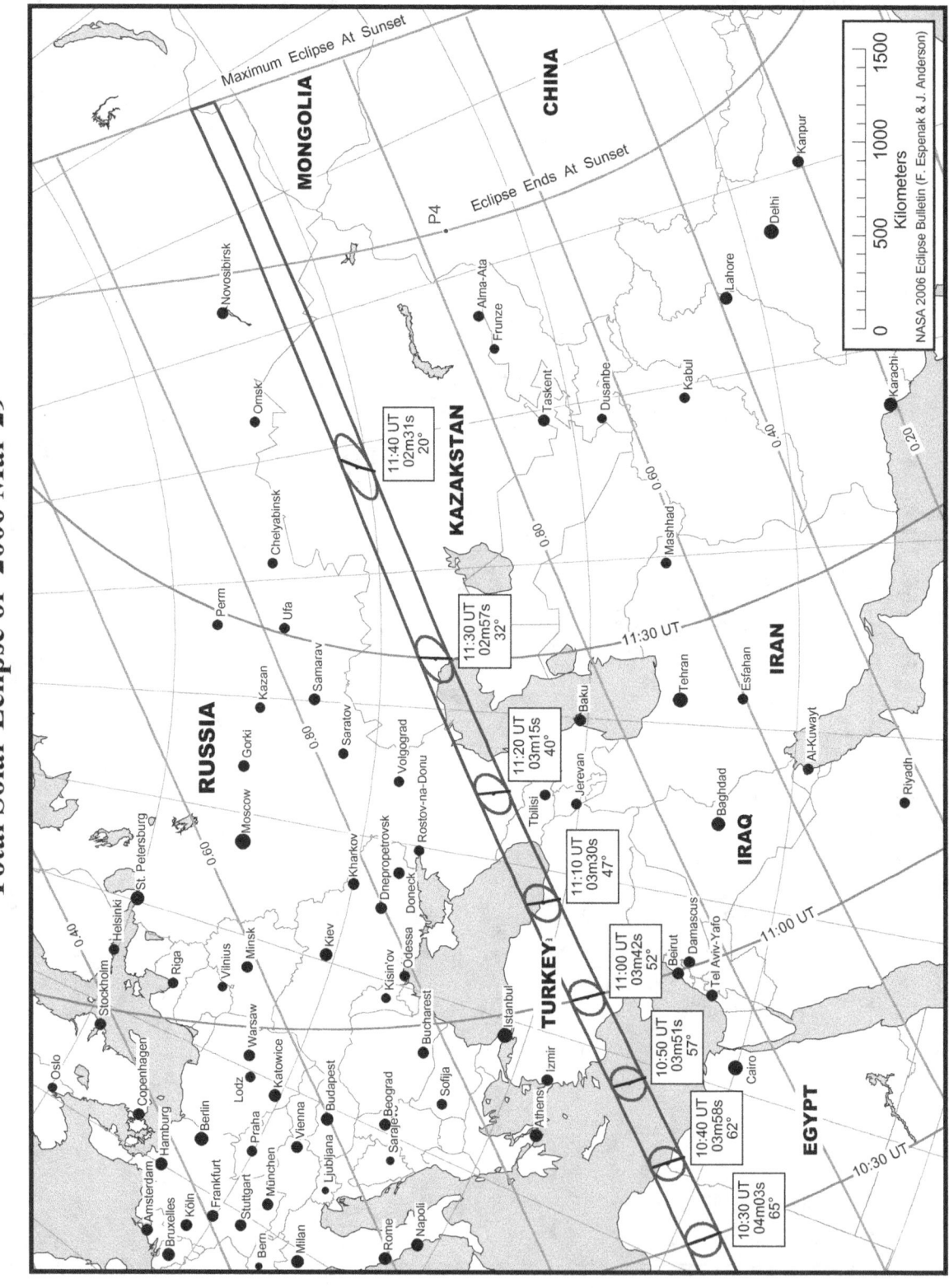

Figure 3: Path of the Eclipse Through Asia

Total Solar Eclipse of 2006 Mar 29

Total Solar Eclipse of 2006 Mar 29

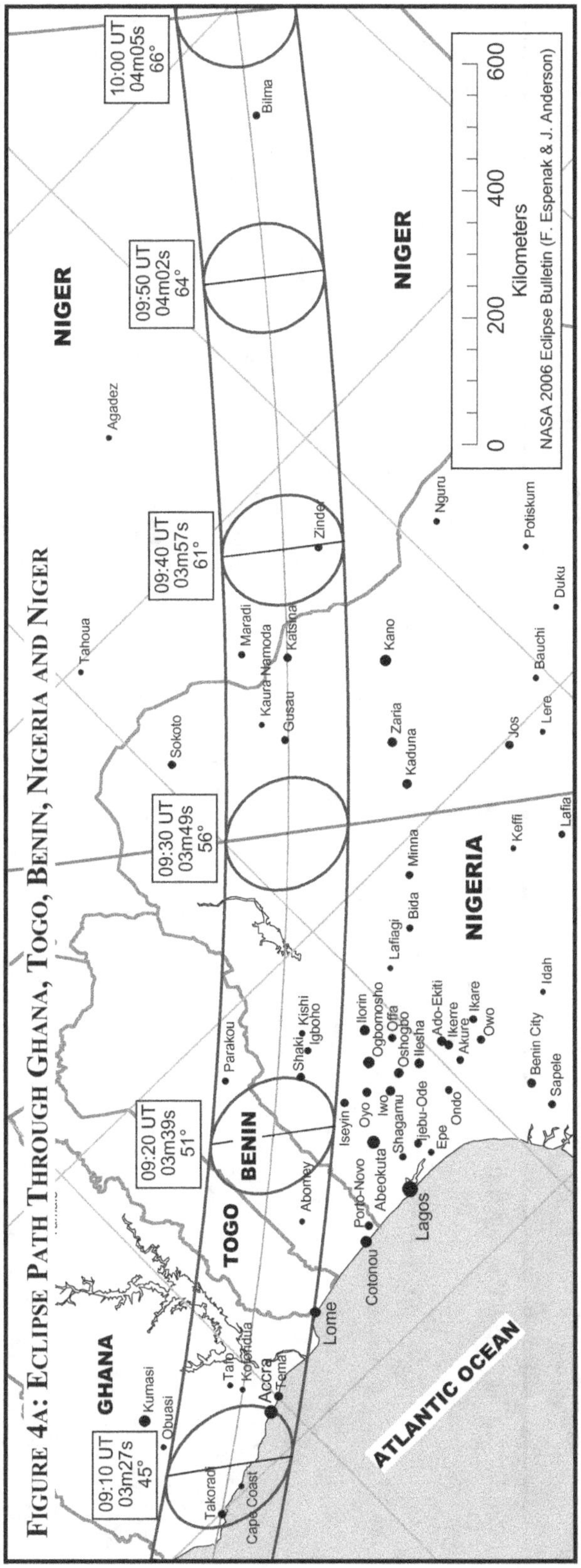

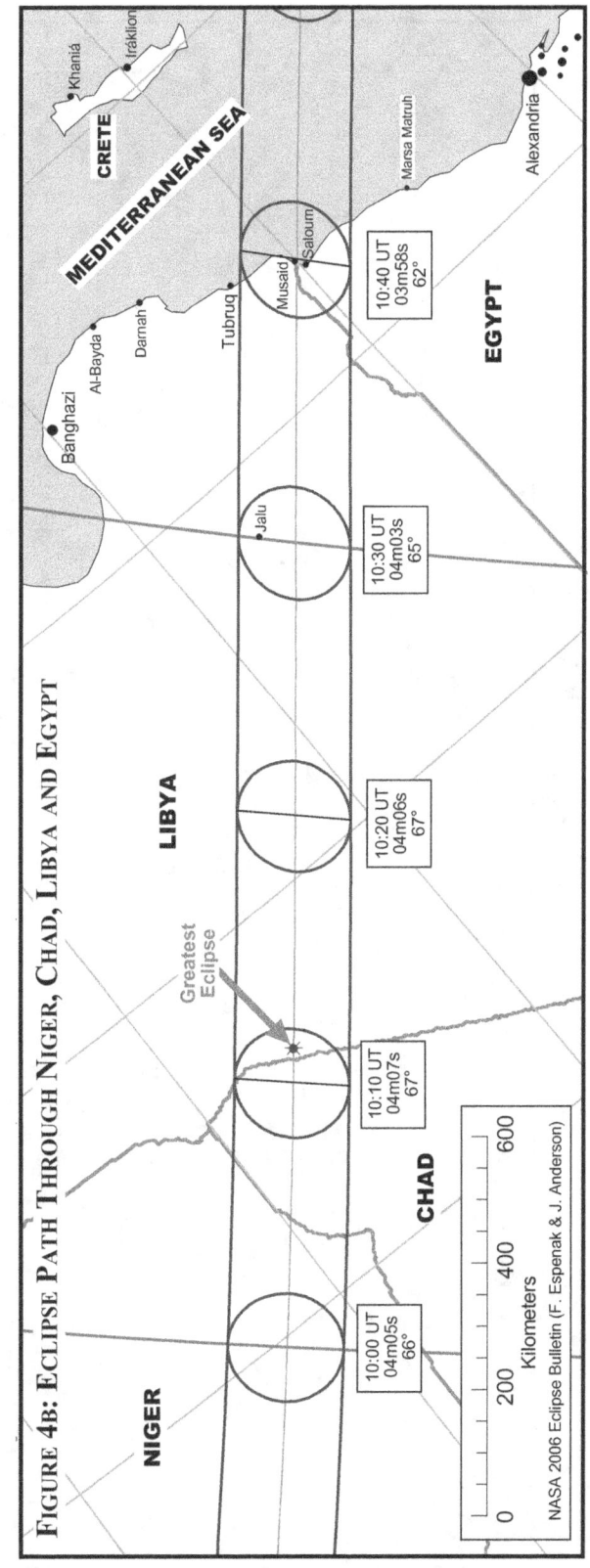

FIGURE 4A: ECLIPSE PATH THROUGH GHANA, TOGO, BENIN, NIGERIA AND NIGER

FIGURE 4B: ECLIPSE PATH THROUGH NIGER, CHAD, LIBYA AND EGYPT

Total Solar Eclipse of 2006 March 29

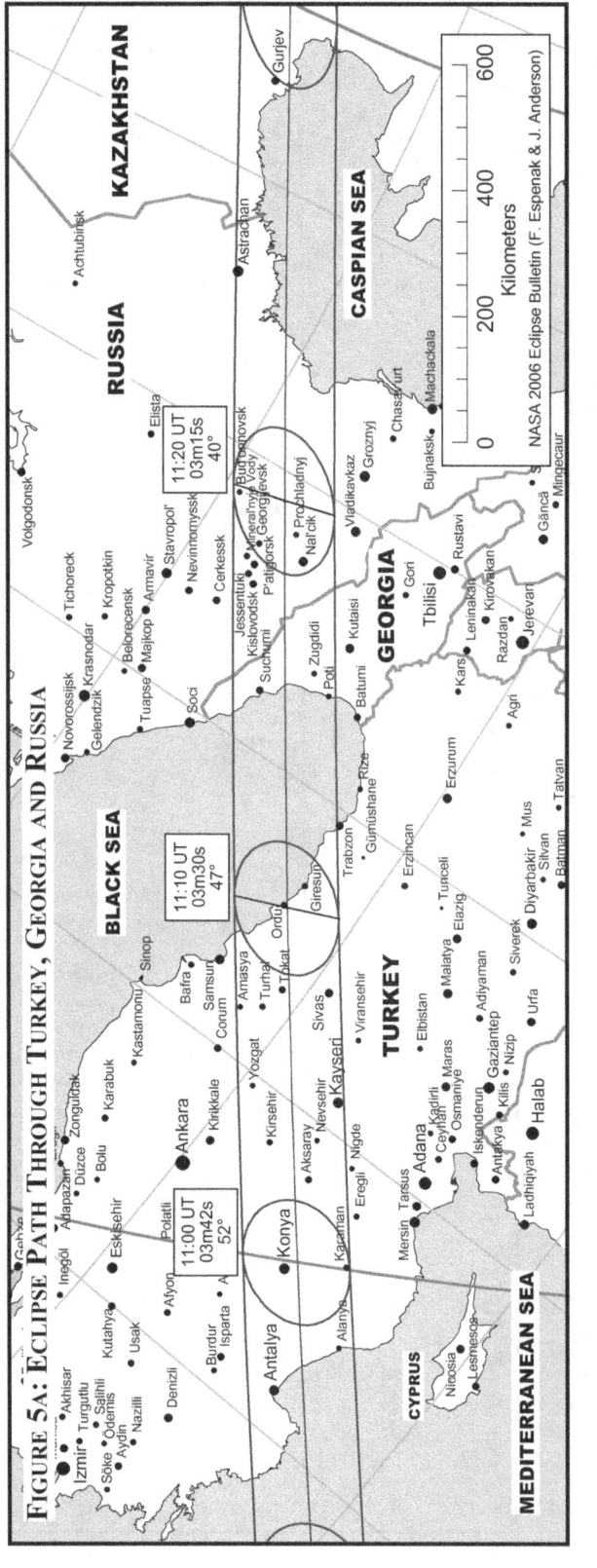

Figure 5a: Eclipse Path Through Turkey, Georgia and Russia

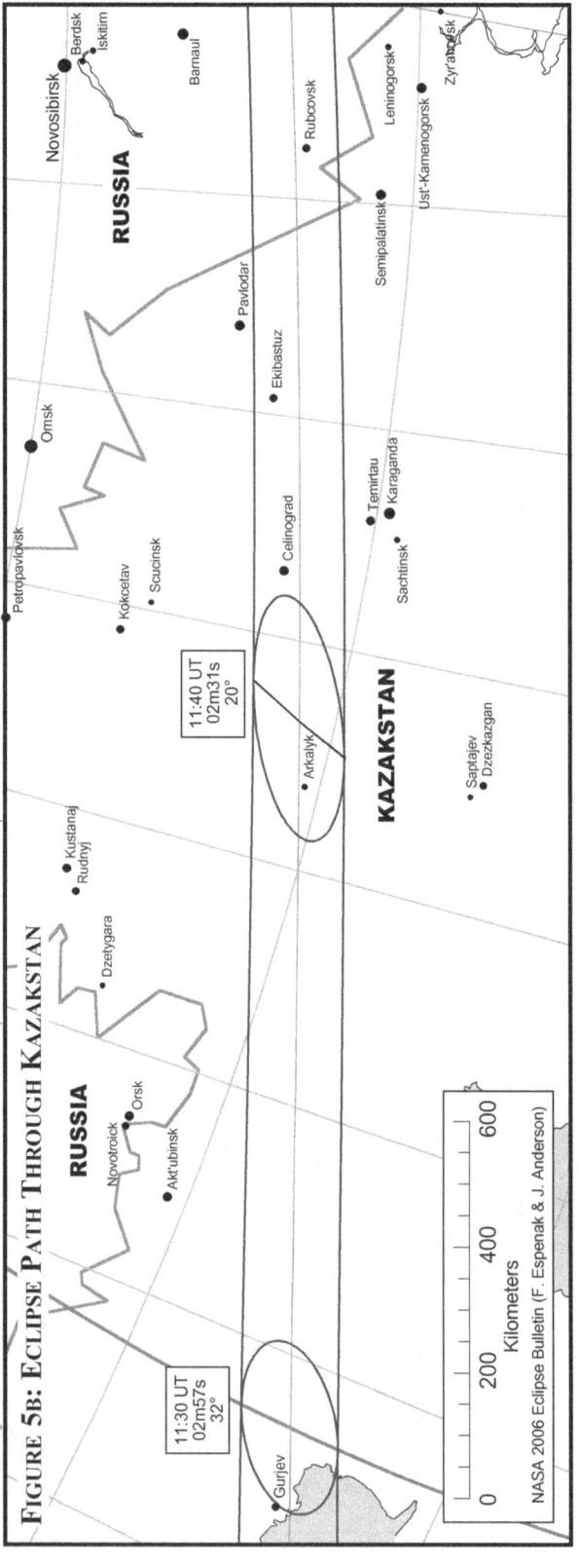

Figure 5b: Eclipse Path Through Kazakstan

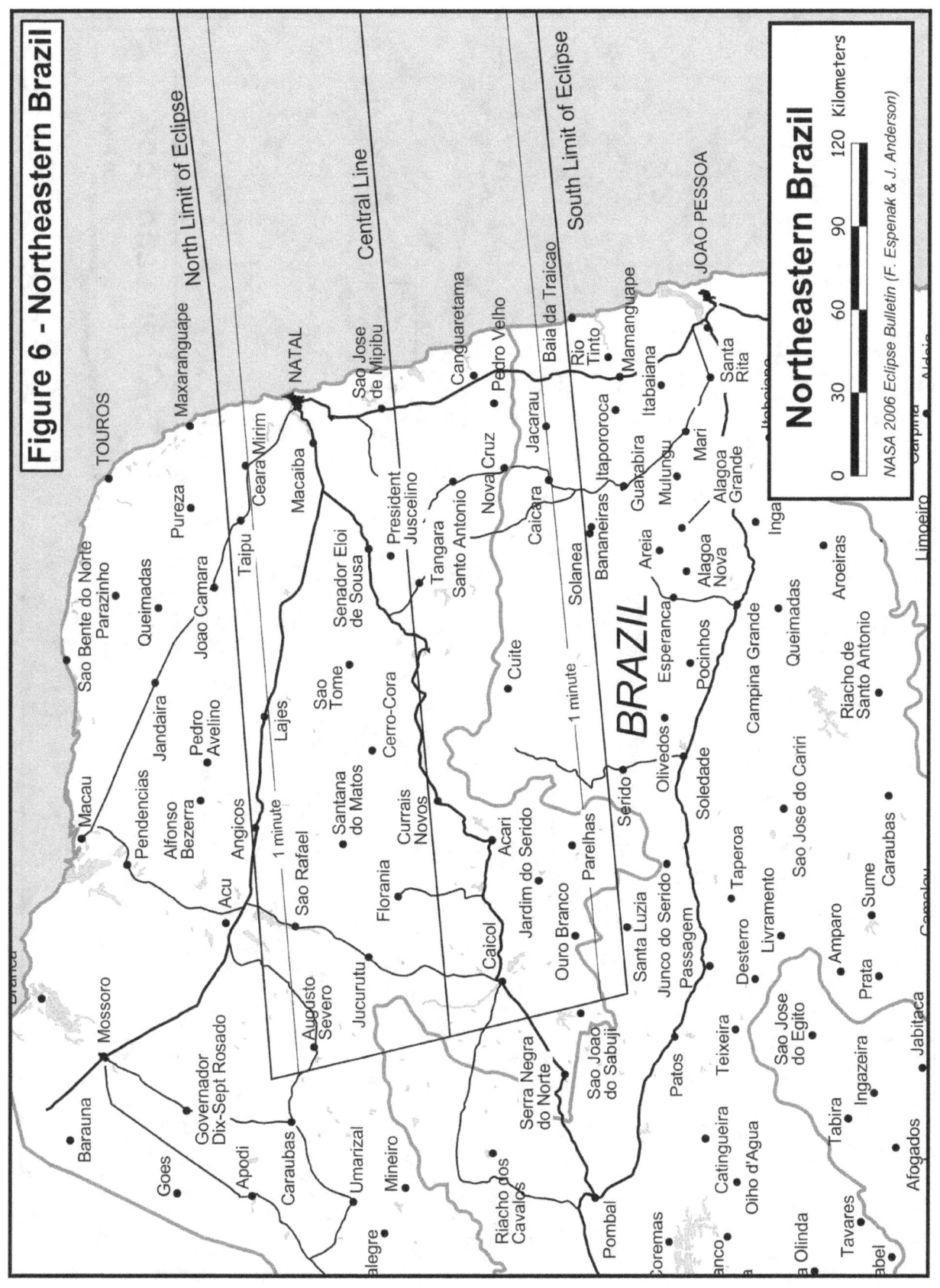

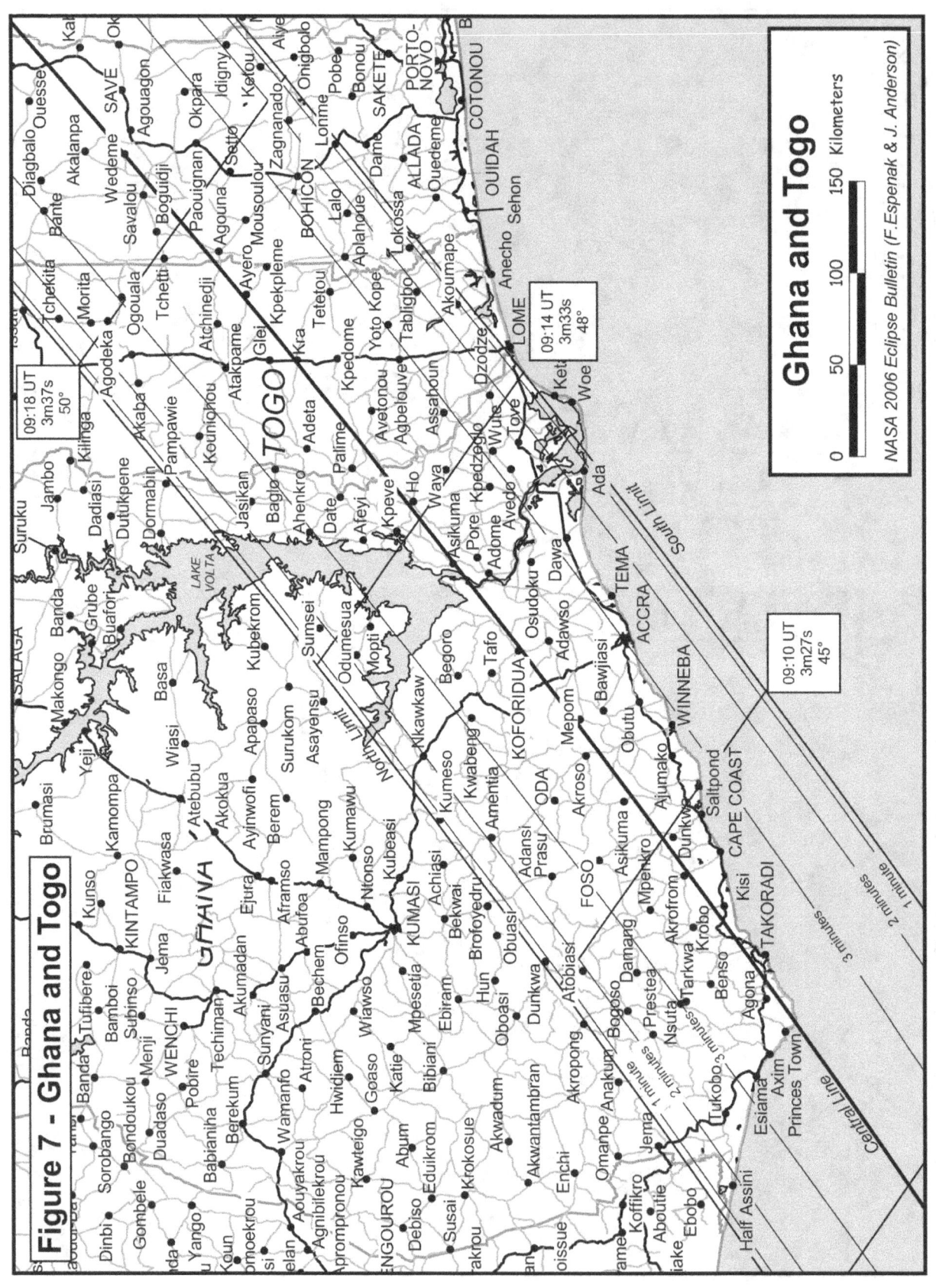

Figure 7 - Ghana and Togo

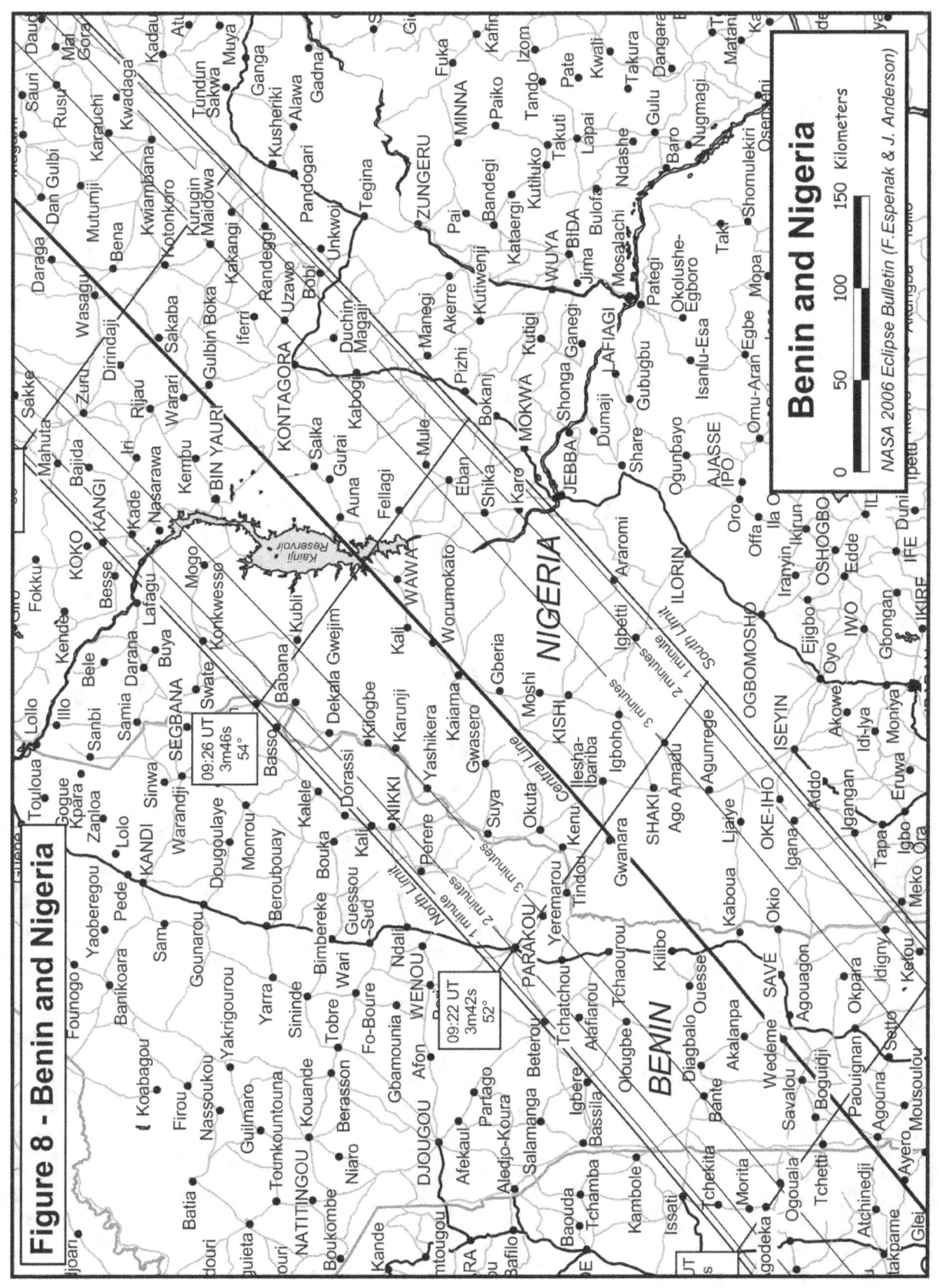

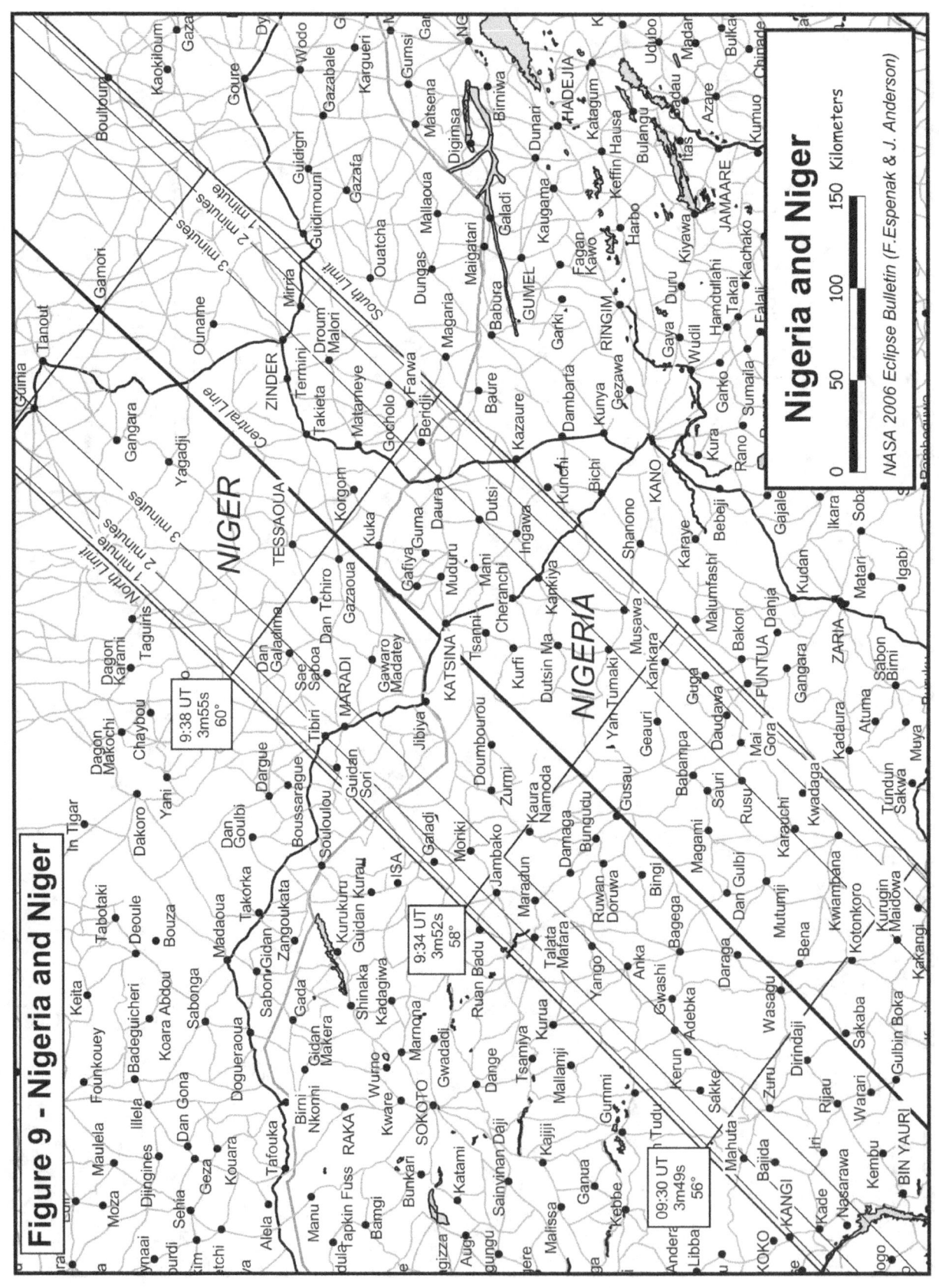

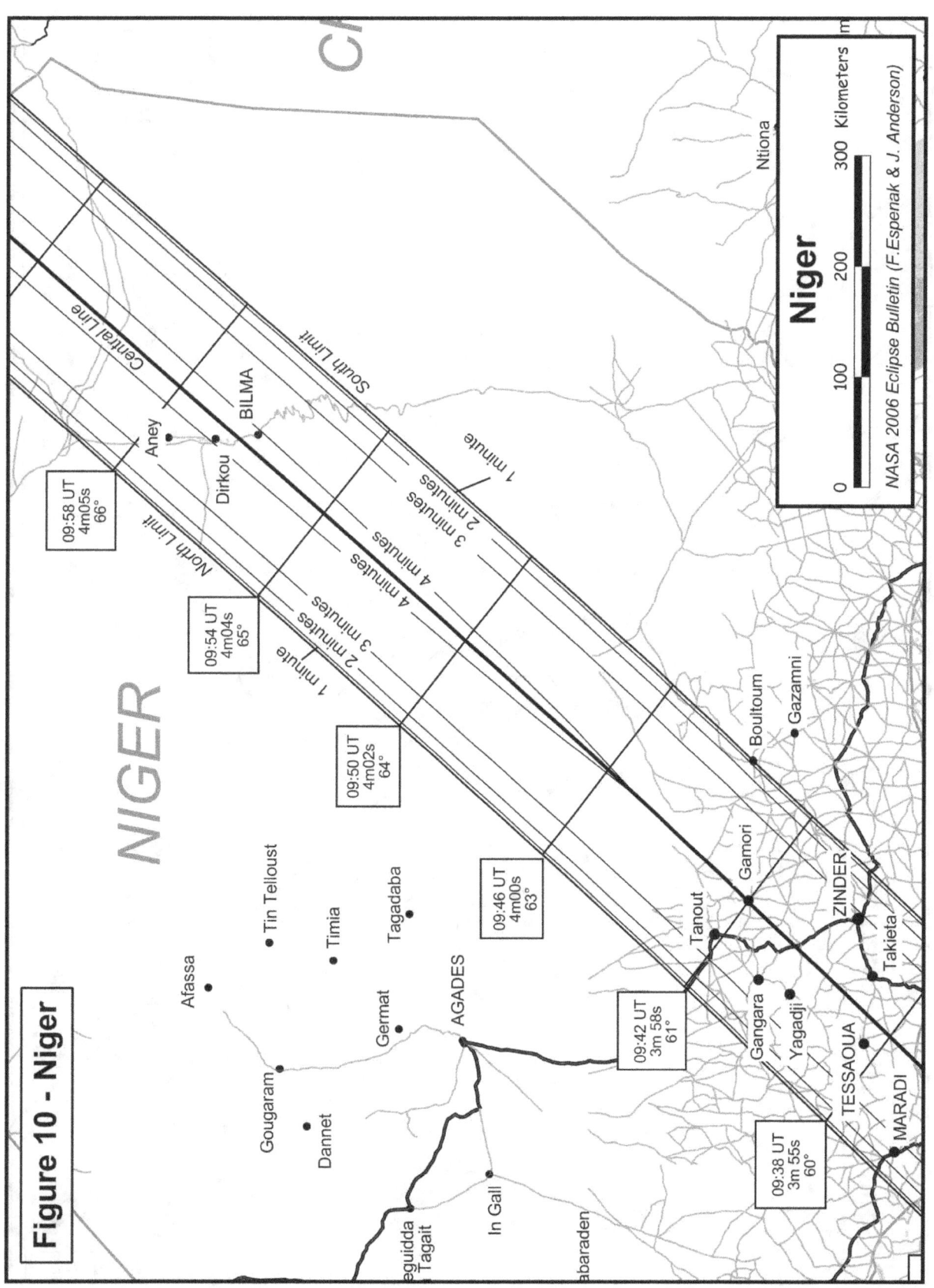

Figure 10 - Niger

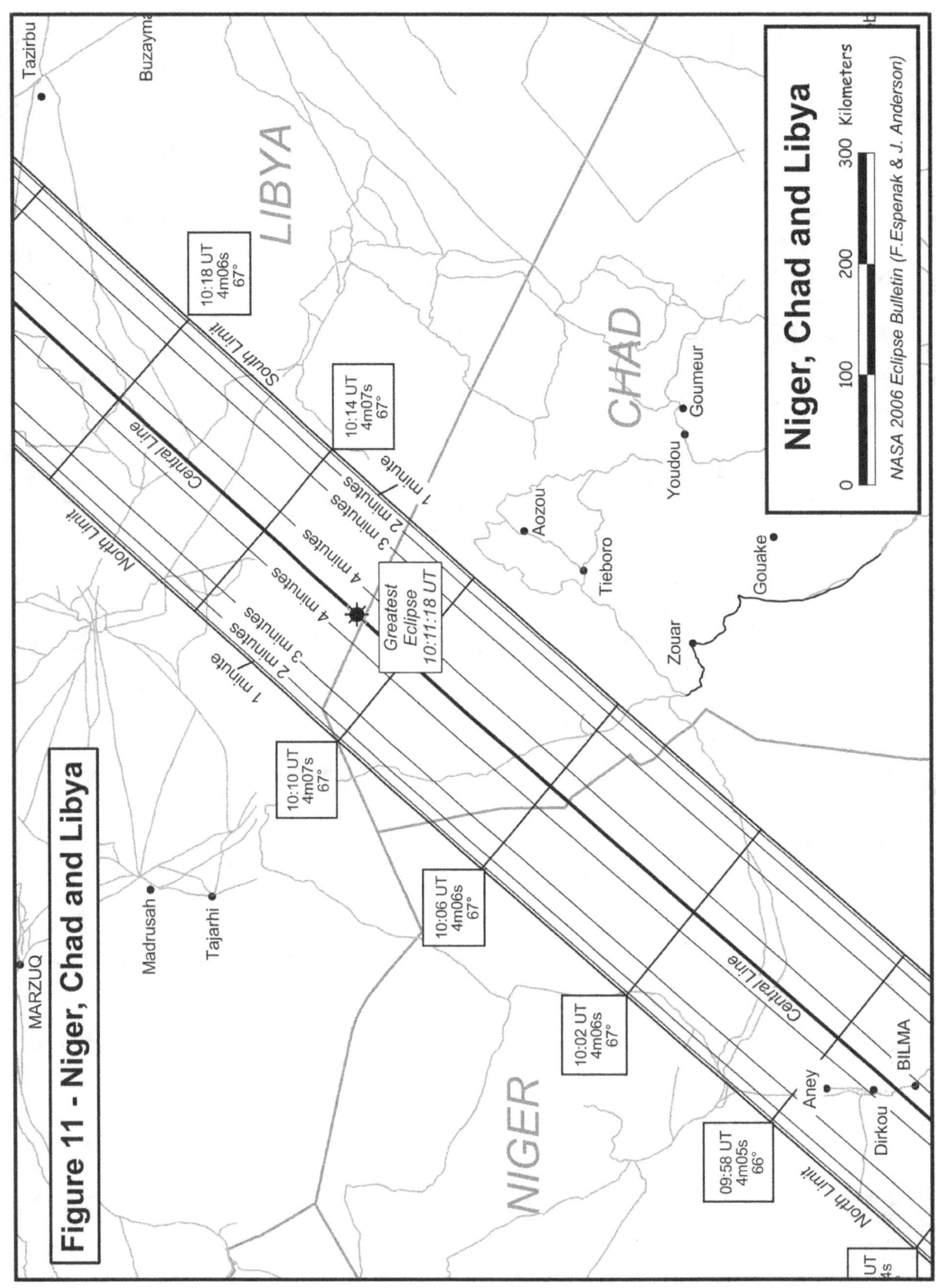

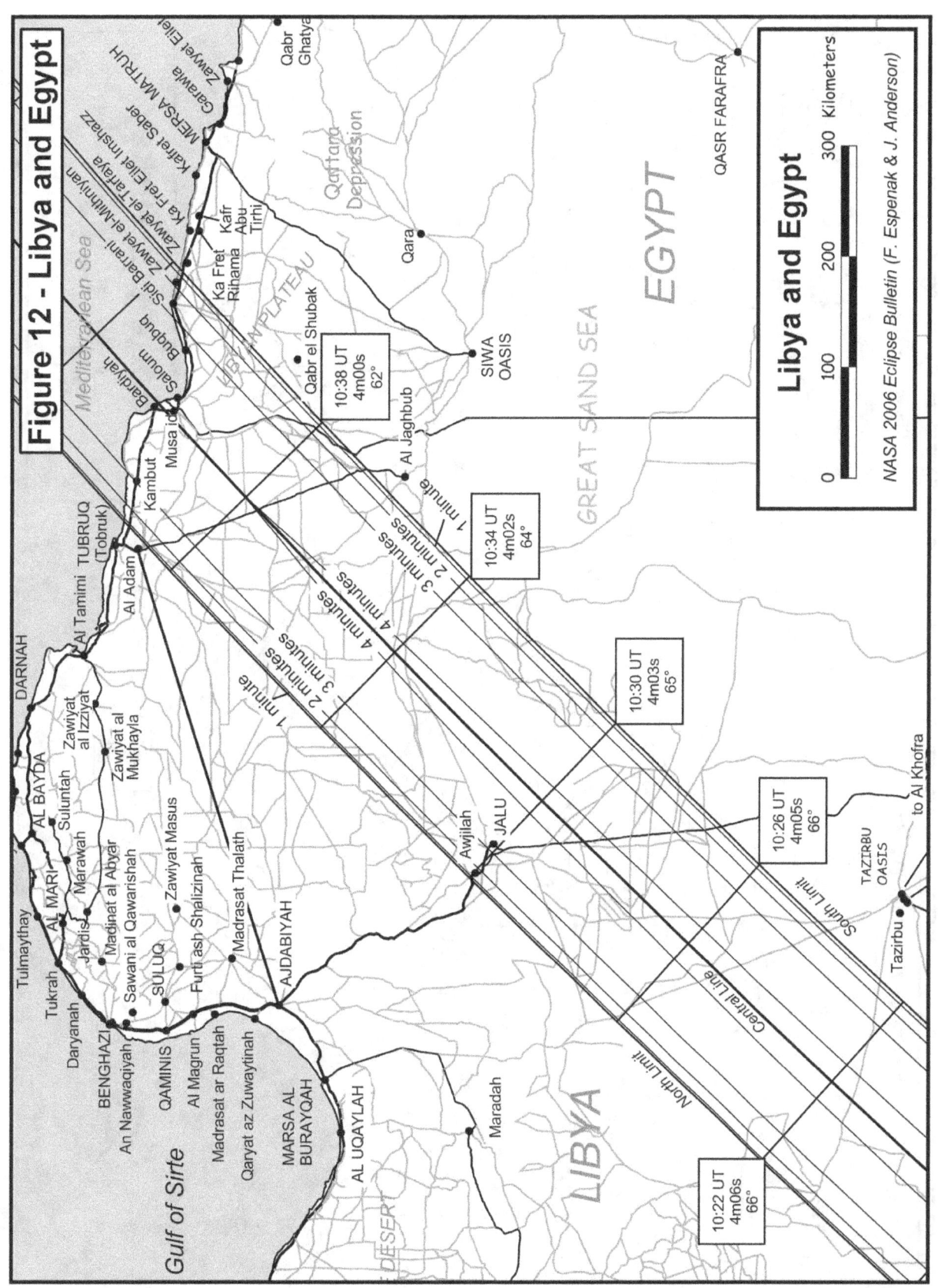

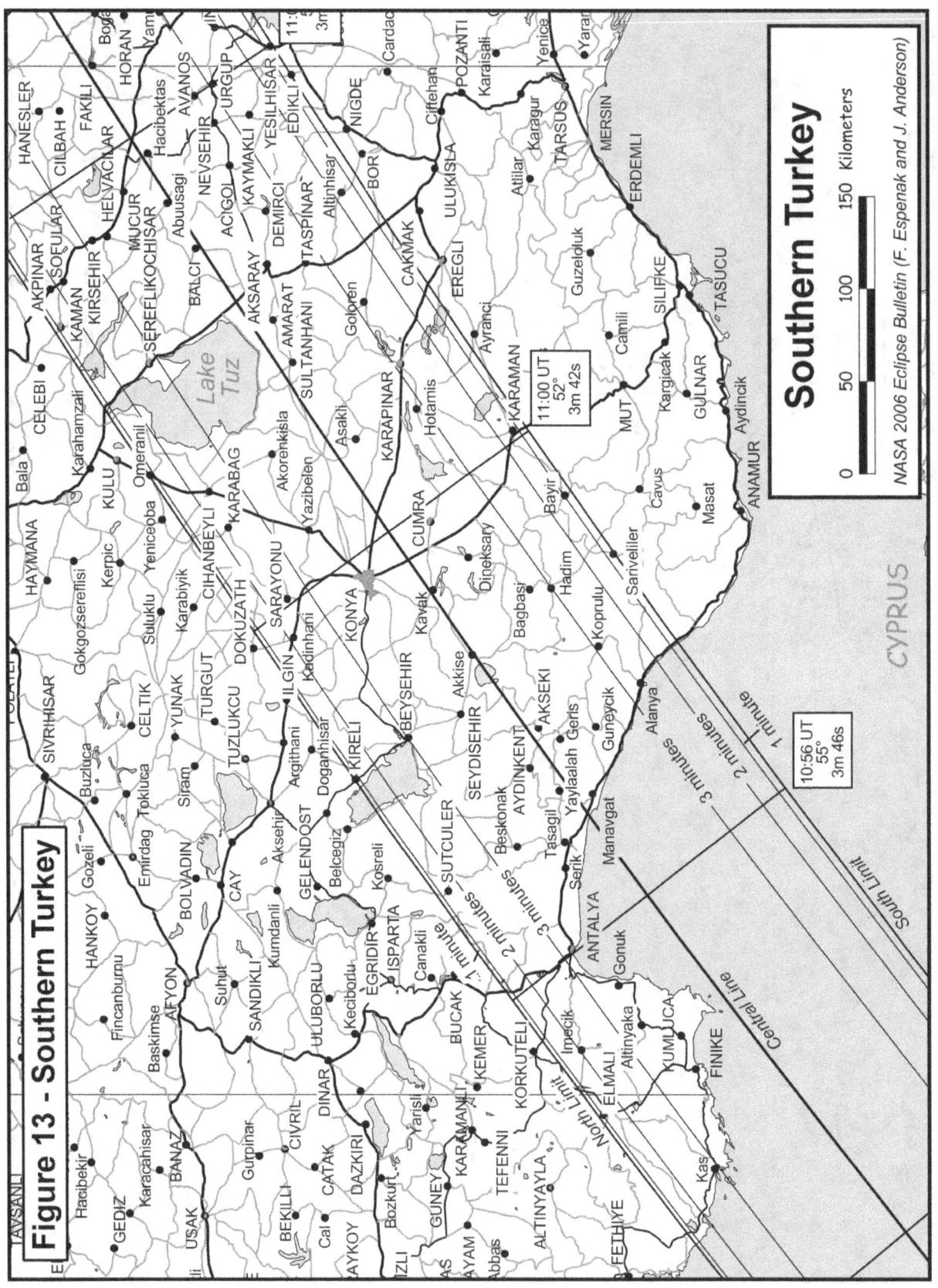

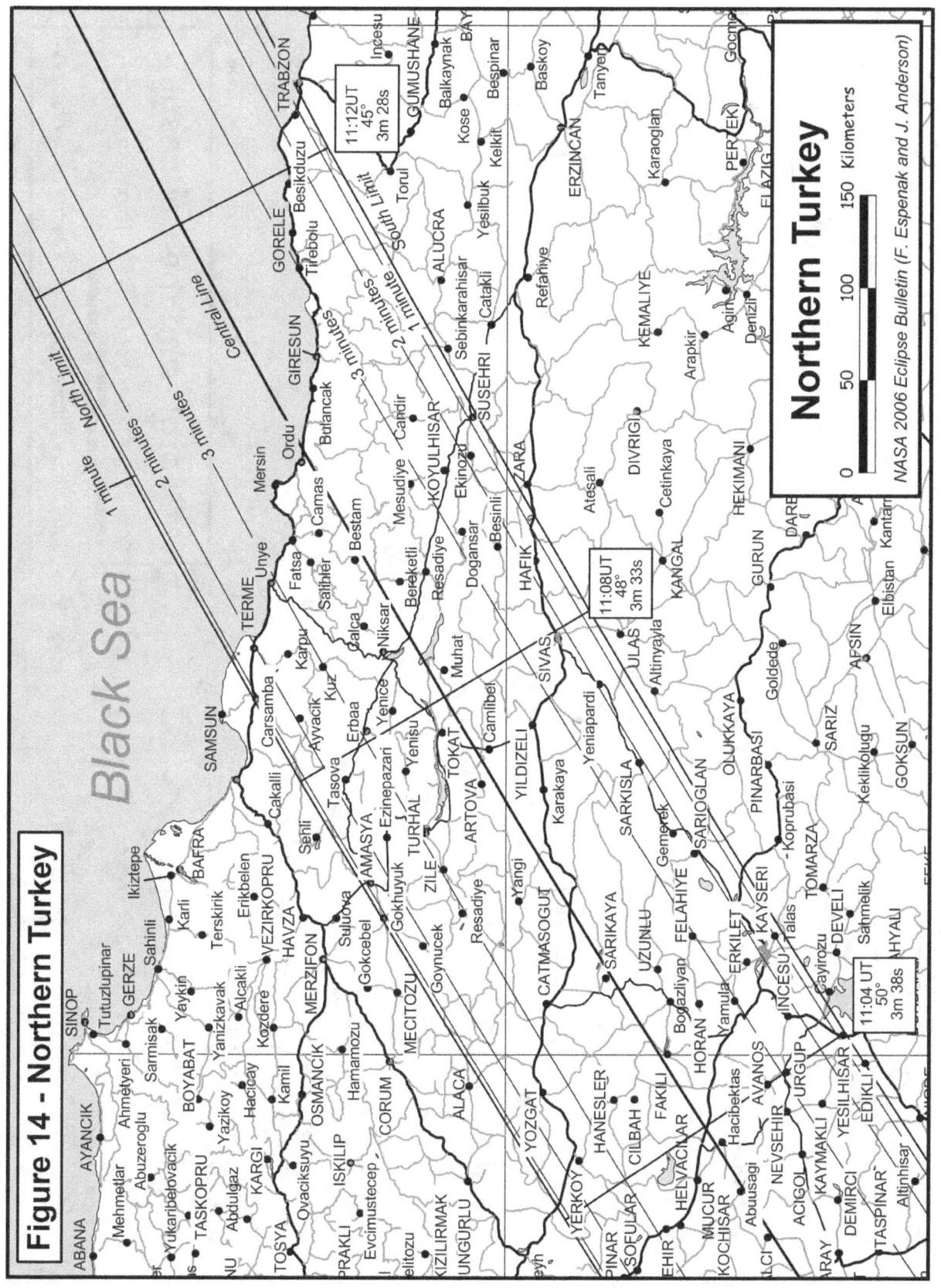

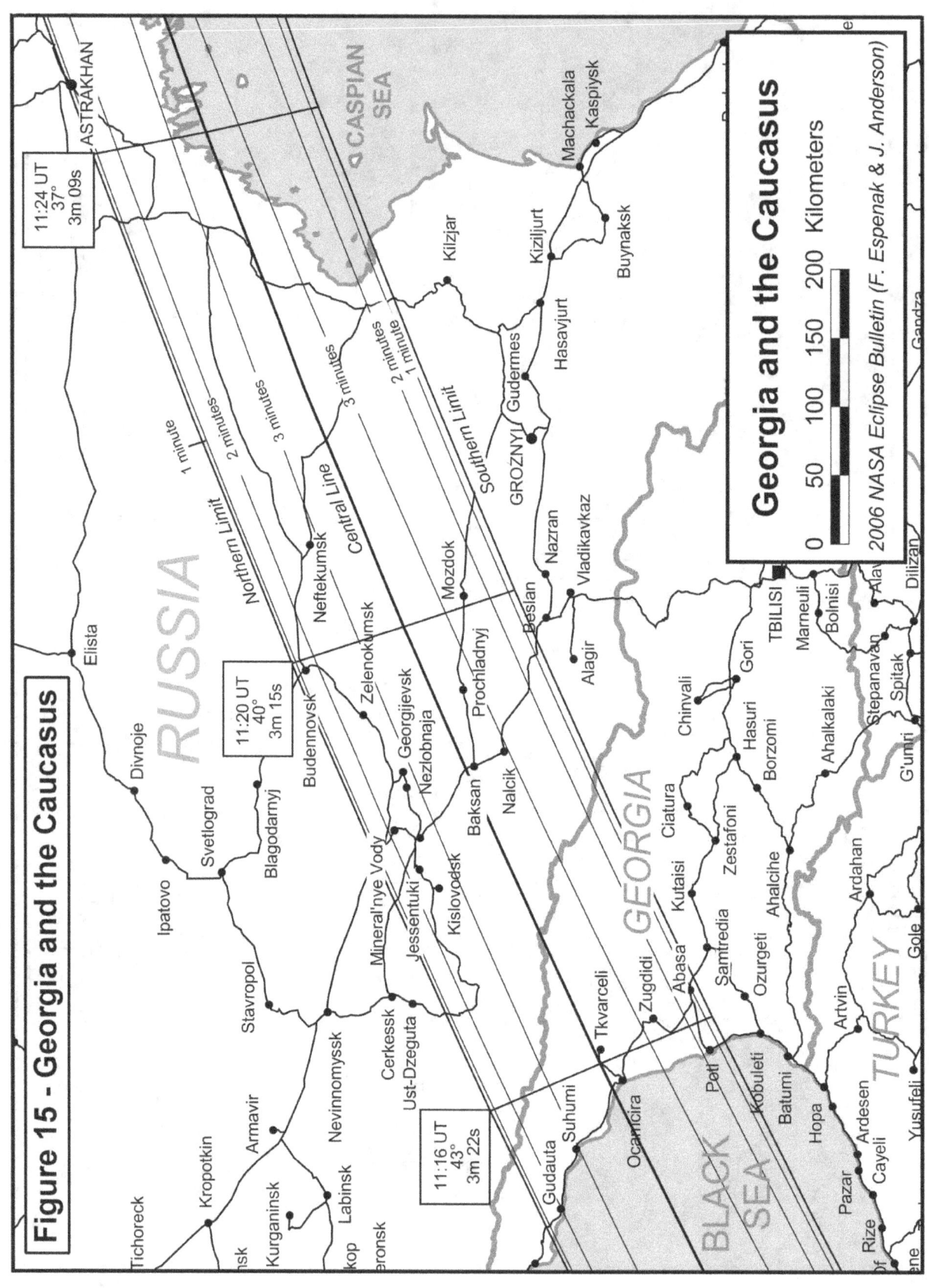

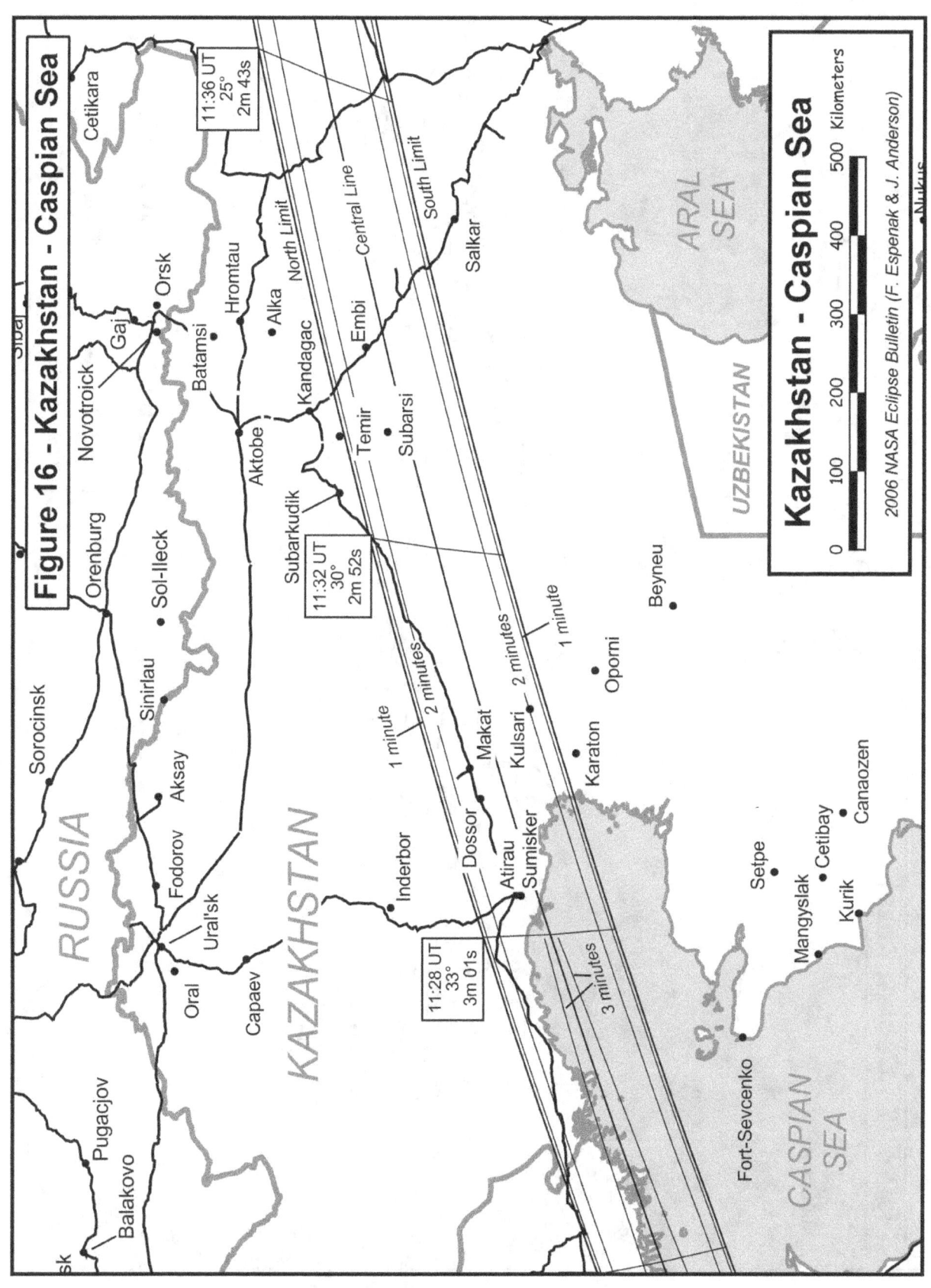

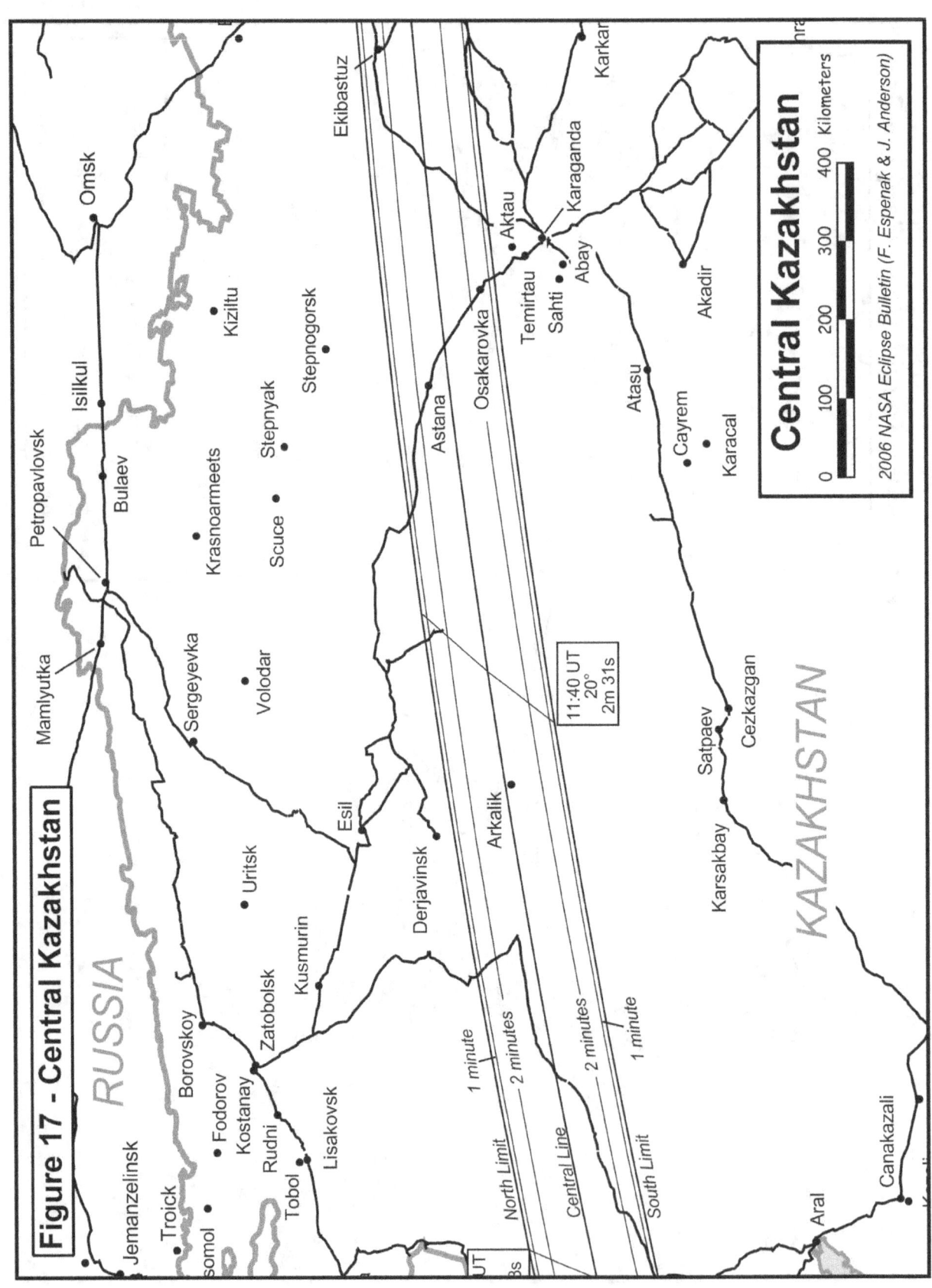
Figure 17 - Central Kazakhstan

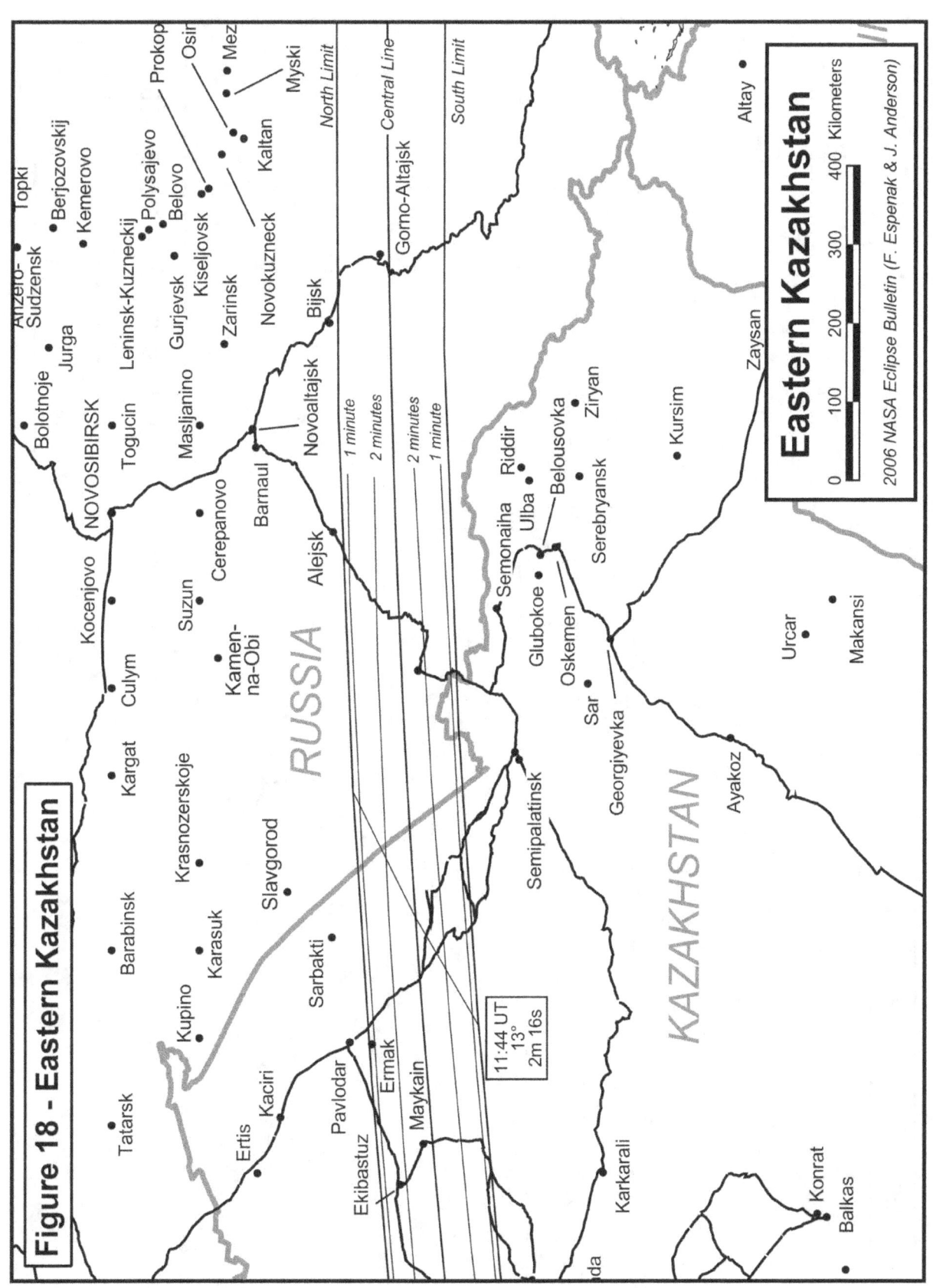

Figure 18 - Eastern Kazakhstan

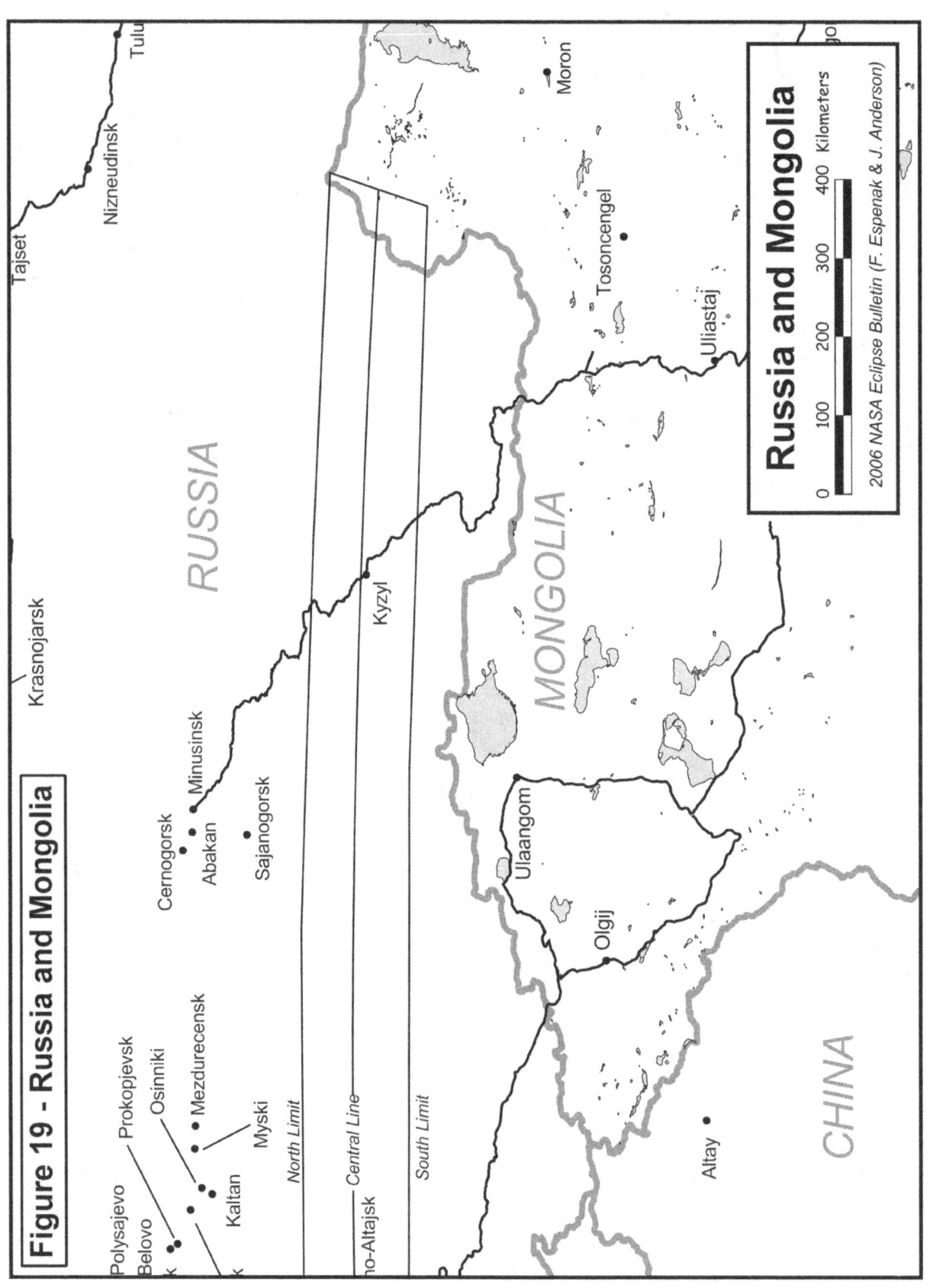

Figure 19 - Russia and Mongolia

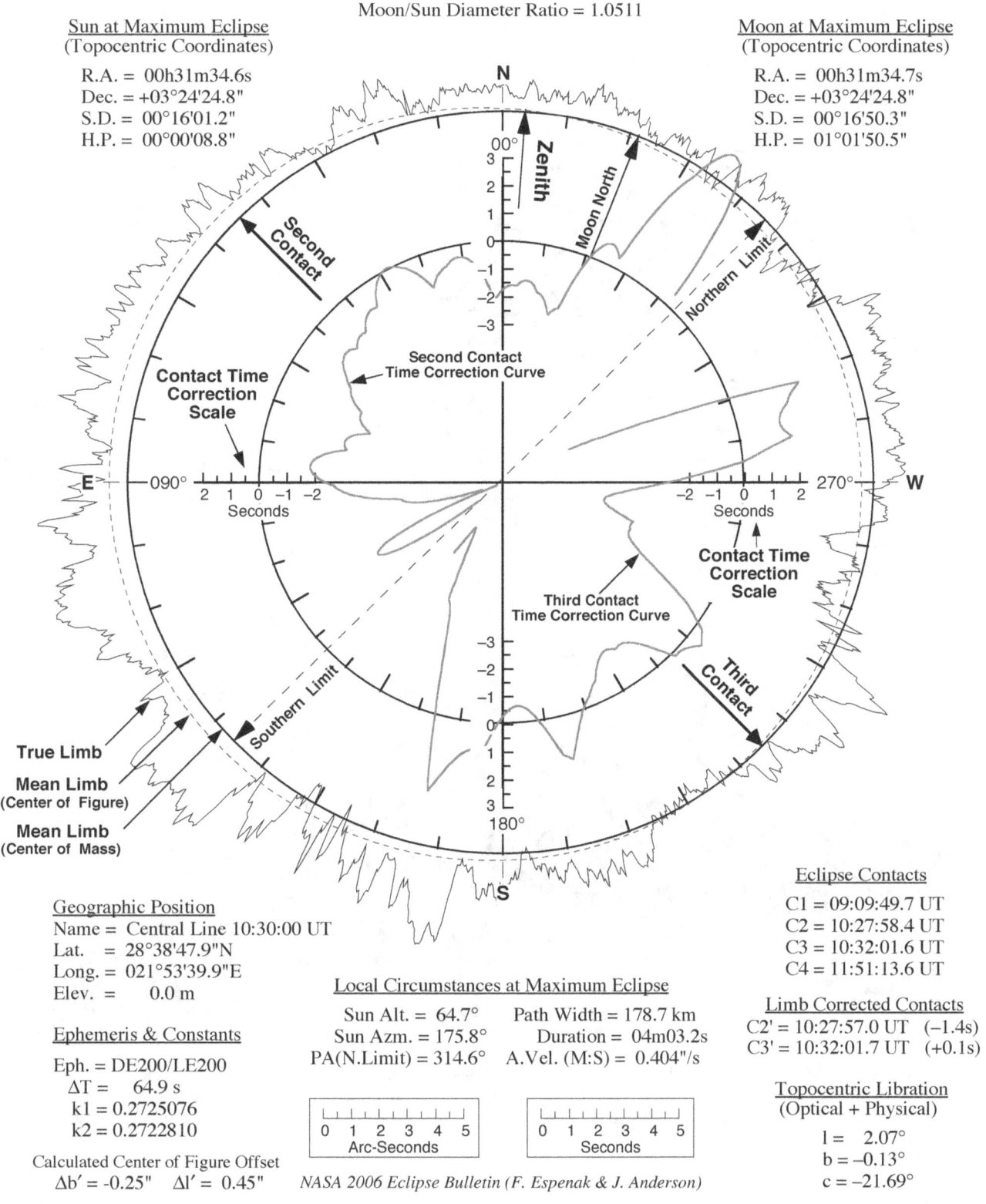

Figure 21 - Map of Mean Surface Pressure During March

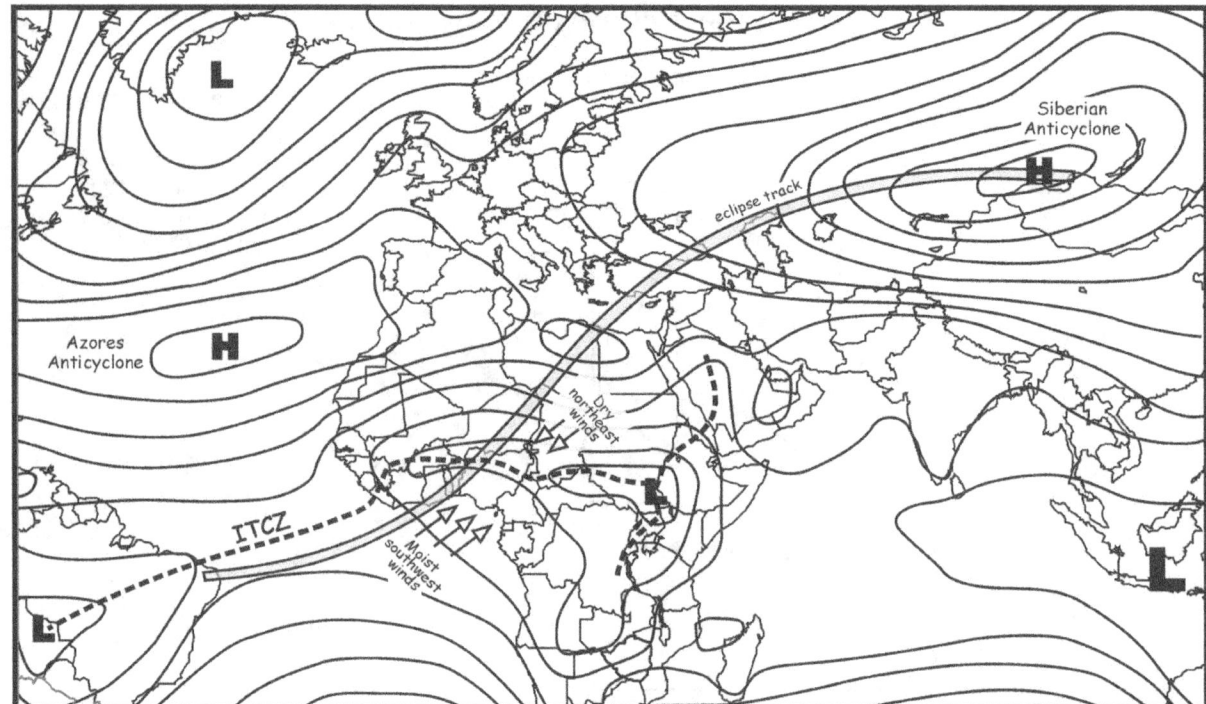

Figure 21: A map of mean March surface pressures showing the controlling weather systems, the average location of the Intertropical Convergence Zone (ITCZ), and the eclipse track. Arrows along the African coast and inland show the flow of moist and dry air into the ITCZ.

Figure 22 - Map of Mean Cloudiness During March

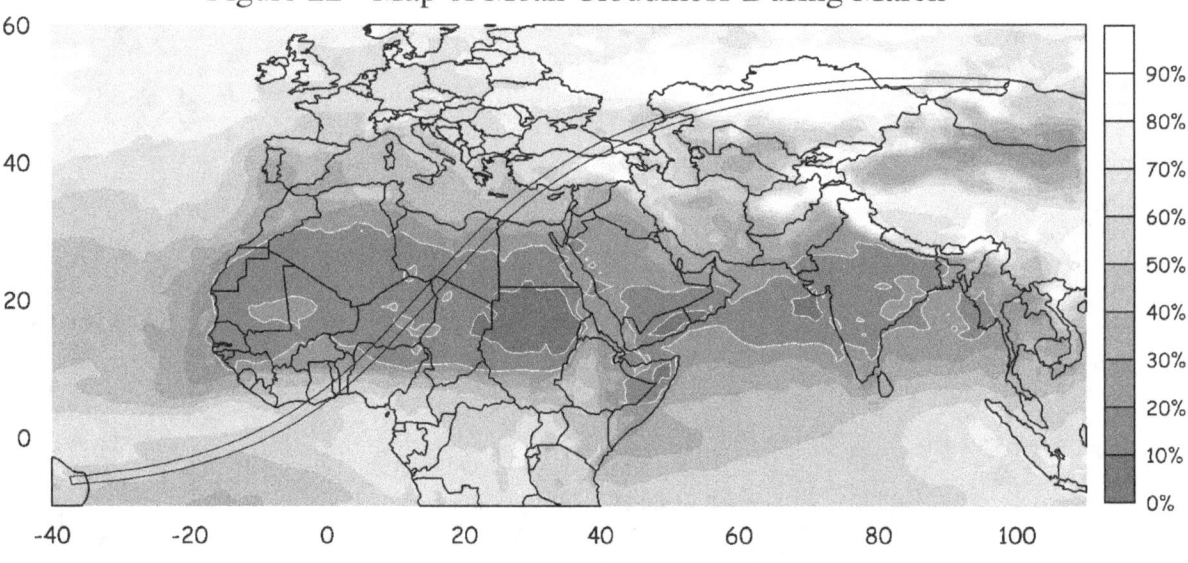

Figure 22: A map of mean cloudiness along the eclipse track in percent. The cloud cover shown is an average of 18 years of data from 1981 to 2000 based on imagery acquired from a series of polar and geostationary satellites. The 10% and 20% contours are outlined in white. Darker colors imply lower cloud cover and more favorable viewing circumstances. High levels of cloudiness over Kazakhstan and central Russia are an artifact of the cloud algorithm caused by its inability to completely distinguish between cloud and snow-covered ground. The data is courtesy of NOAA and the Satellite Active Archive.

FIGURE 23: SPECTRAL RESPONSE OF SOME COMMONLY AVAILABLE SOLAR FILTERS

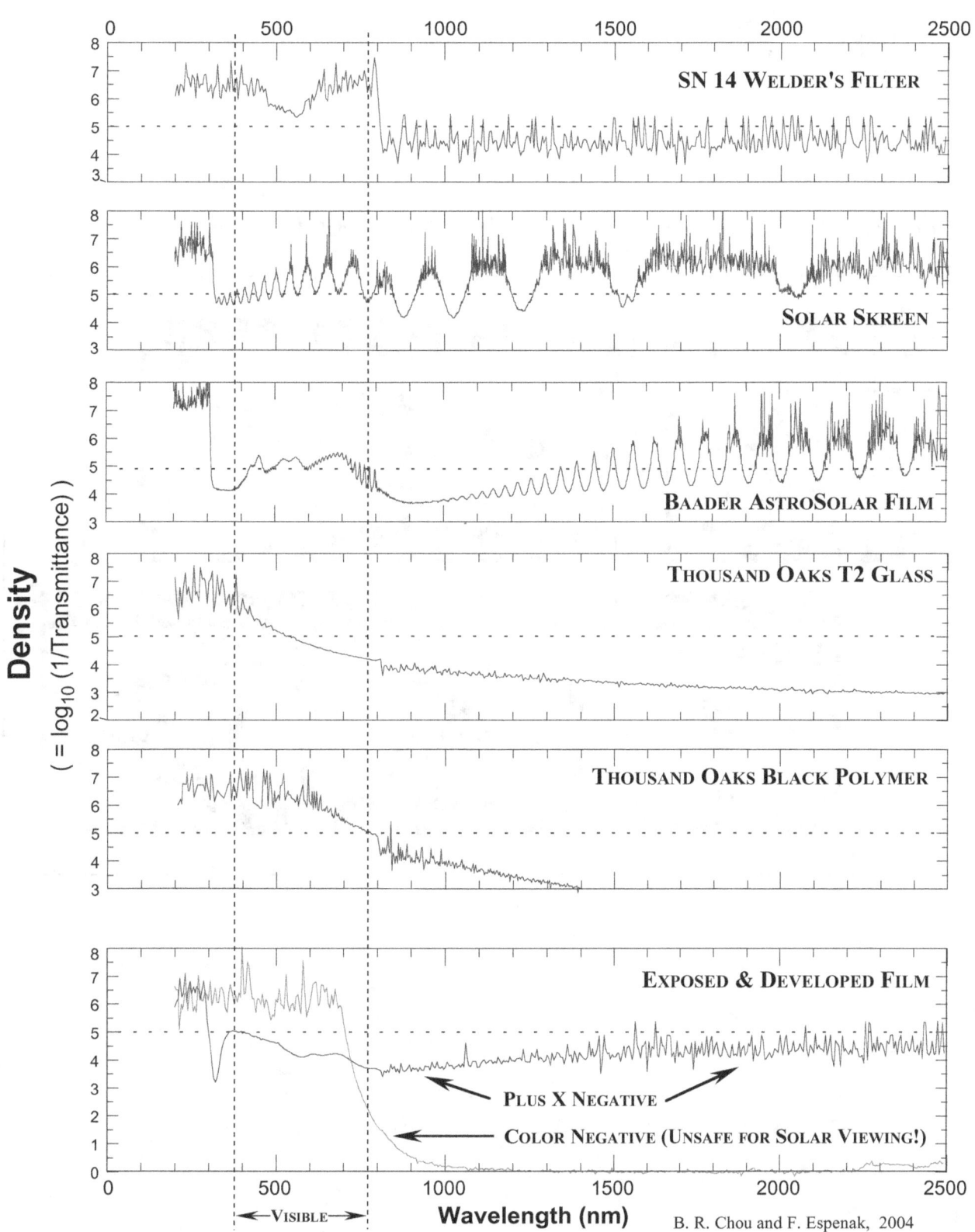

FIGURE 24 - LENS FOCAL LENGTH VS. IMAGE SIZE FOR ECLIPSE PHOTOGRAPHY

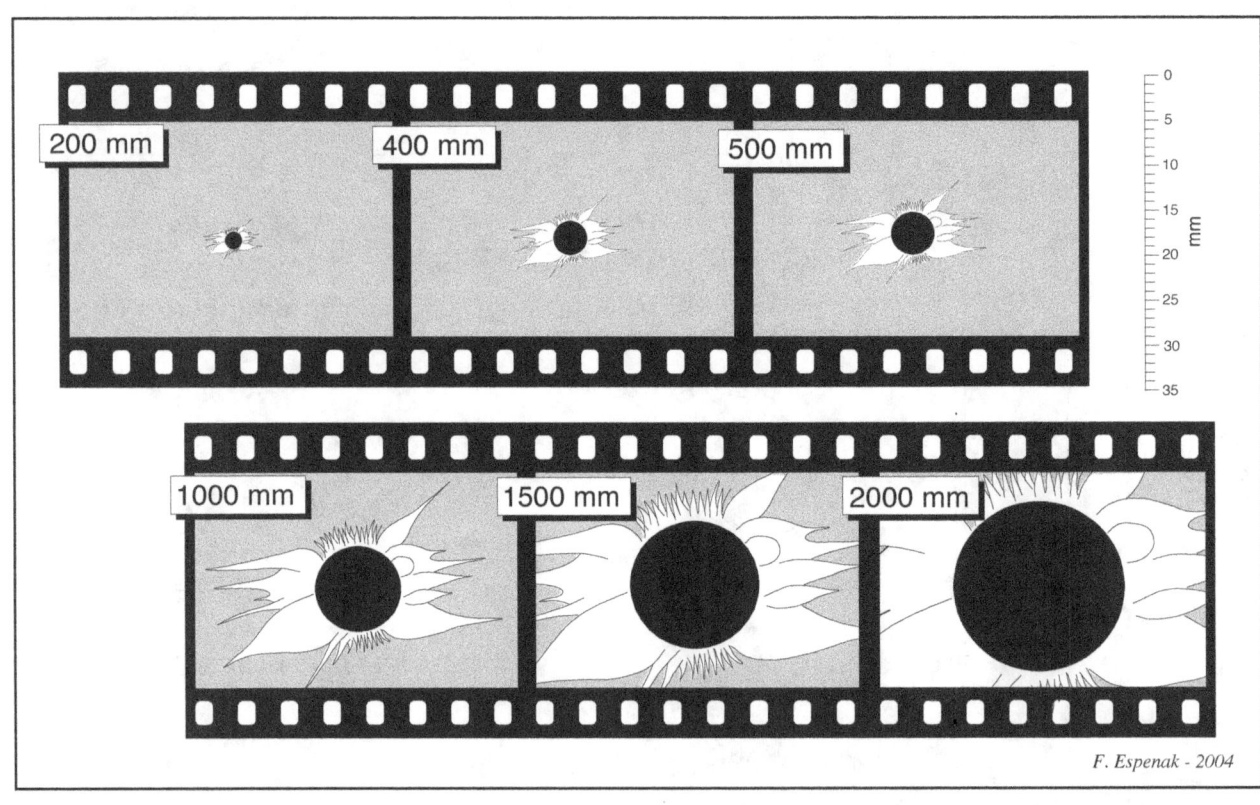

FIGURE 25 - SKY DURING TOTALITY AS SEEN FROM CENTRAL LINE AT 10:30 UT
Total Solar Eclipse of 2006 March 29

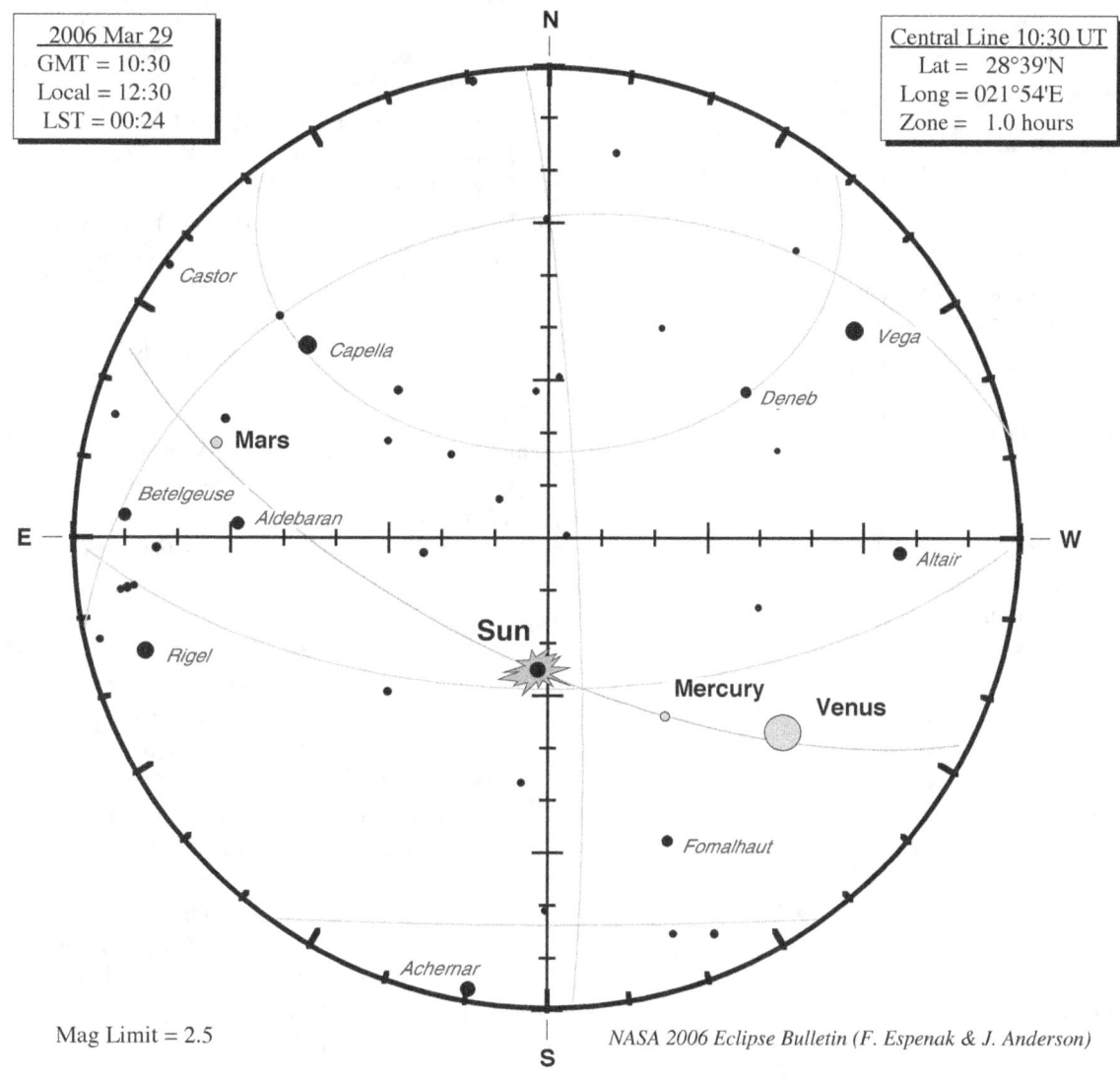

Mag Limit = 2.5

NASA 2006 Eclipse Bulletin (F. Espenak & J. Anderson)

The sky during totality as seen from the central line in Libya at 10:30 UT. The most conspicuous planets visible during the total eclipse will be Venus (m_v=-4.2), Mercury (m_v=+0.9), and Mars (m_v=+1.2) located 46° west, 25° west and 72° east of the Sun, respectively. Bright stars, which might be visible, include Vega (m_v=+0.03), Altair (m_v=+0.76) Deneb (m_v=+1.25), Capella (m_v=+0.08), Aldebaran (m_v=+0.87), Betelgeuse (m_v=+0.45), and Rigel (m_v=+0.18).

The geocentric ephemeris below [using Bretagnon and Simon, 1986] gives the apparent positions of the naked eye planets during the eclipse. *Delta* is the distance of the planet from Earth (A.U.'s), *App. Mag.* is the apparent visual magnitude of the planet, and *Solar Elong* gives the elongation or angle between the Sun and planet.

```
Ephemeris: 2006 Mar 29 10:00:00 UT                    Equinox = Mean Date

                                        App.  Apparent            Solar
Planet      RA         Declination  Delta  Mag.  Diameter  Phase  Elong
                                                 arc-sec             °
Sun       00h31m30s    +03°24'00"   0.99845 -26.7  1922.3    -      -
Moon      00h30m22s    +03°41'17"   0.00241   -    1989.9   0.00    -
Mercury   23h00m48s    -06°30'38"   0.72846  1.0     9.2    0.30   24.7W
Venus     21h36m08s    -12°52'26"   0.71152 -4.0    23.5    0.52   46.5W
Mars      05h20m43s    +24°51'10"   1.62035  1.3     5.8    0.91   72.5E
Jupiter   15h03m22s    -15°54'28"   4.61840 -1.9    42.7    1.00  140.6W
Saturn    08h27m47s    +19°52'31"   8.64267 -0.0    19.2    1.00  115.8E
```

ACRONYMS

CD	Compact Disk
DCW	Digital chart of the World
DMA	Defense Mapping Agency (U.S.)
D-SLR	Digital-Single Lens Reflex
GPS	Global Positioning System
IAU	International Astronomical Union
IOTA	International Occultation Timing Association
ITCZ	Intertropical Convergence Zone
JNC	Jet Navigation Charts
NMEA	National Marine Electronics Association
NOS	National Ocean Service
ONC	Operational Navigation Charts
SASE	Self Addressed Stamped Envelope
SDAC	Solar Data Analysis Center
SEML	Solar Eclipse Mailing List
SLR	Single Lens Reflex
TDT	Terrestrial Dynamical Time
USGS	United States Geological Survey
UT	Universal Time
UV	Ultraviolet
WDBII	World Data Bank II

UNITS

arc-sec	Arc second
ft	Foot
h	Hour
km	Kilometer
m	Meter
min	Minute
mm	Millimeter
nm	Nanometer
s	Second

BIBLIOGRAPHY

American Conference of Governmental Industrial Hygienists Worldwide (ACGIH), 2004: *TLVs® and BEIs® Based on the Documentation of the Threshold Limit Values for Chemical Substances and Physical Agents & Biological Exposure Indices,* ACGIH, Cincinnati, Ohio, 151–158.

Bretagnon, P., and J.L. Simon, 1986: *Planetary Programs and Tables from −4000 to +2800,* Willmann-Bell, Richmond, Virginia, 151 pp.

Brown, E.W., 1919: *Tables of the Motion of the Moon,* 3 vol., Yale University Press, New Haven, Connecticut, 151 pp.

Chou, B.R., 1981: Safe solar filters. *Sky & Telescope,* **62**(2), 119 pp.

Chou, B.R., 1996: "Eye Safety During Solar Eclipses—Myths and Realities." In: Z. Mouradian and M. Stavinschi (eds.) *Theoretical and Observational Problems Related to Solar Eclipses, Proc. NATO Advanced Research Workshop.* Kluwer Academic Publishers, Dordrecht, 243–247.

Chou, B.R., and M.D. Krailo, 1981: Eye injuries in Canada following the total solar eclipse of 26 February 1979. *Can. J. Optom.,* **43**, 40.

Del Priore, L.V., 1999: "Eye Damage from a Solar Eclipse." In: M. Littmann, K. Willcox, and F. Espenak, *Totality, Eclipses of the Sun,* Oxford University Press, New York, 140–141.

Duncomb, J.S., 1973: *Lunar Limb Profiles for Solar Eclipses,* U.S. Naval Observatory Circular No. 141, Washington DC.

Dunham, J.B, D.W. Dunham, and W.H. Warren, 1992: *IOTA Observer's Manual,* (draft copy).

Eckert, W.J., R. Jones, and H.K. Clark, 1954: *Improved Lunar Ephemeris 1952–1959,* U.S. Naval Observatory, Washington, DC.

Espenak, F., 1987: *Fifty Year Canon of Solar Eclipses: 1986–2035,* NASA Ref. Pub. 1178, Goddard Space Flight Center, Greenbelt, Maryland, 278 pp.

Fiala, A., and J. Bangert, 1992: *Explanatory Supplement to the Astronomical Almanac,* P.K. Seidelmann, ed., University Science Books, Mill Valley, California, 425 pp.

Herald, D., 1983: Correcting predictions of solar eclipse contact times for the effects of lunar limb irregularities. *J. Brit. Ast. Assoc.,* **93**, 6.

Her Majesty's Nautical Almanac Office, 1974: *Explanatory Supplement to the Astronomical Ephemeris and the American Ephemeris and Nautical Almanac,* London.

Littmann, M., K. Willcox, and F. Espenak, 1999: *Totality, Eclipses of the Sun,* Oxford University Press, New York, 264 pp.

Lewis, I.M., 1931: The maximum duration of a total solar eclipse. *Pub. Amer. Astron. Soc.,* **6**, 265 pp.

Marsh, J.C.D., 1982: Observing the Sun in safety. *J. Brit. Ast. Assoc.,* **92**, 6.

Meeus, J., 1982: *Astronomical Formulae for Calculators,* Willmann-Bell, Inc., Richmond, Virginia, 201 pp.

Meeus, J., 2003: The maximum possible duration of a total solar eclipse. *J. Brit. Ast. Assoc.,* **113**, 6.

Meeus, J., C. Grosjean, and W. Vanderleen, 1966: *Canon of Solar Eclipses,* Pergamon Press, New York.

Michaelides, M., R. Rajendram, J. Marshall, S. Keightley, 2001: Eclipse retinopathy. *Eye,* **15**, 148–151.

Morrison, L.V., 1979: Analysis of lunar occultations in the years 1943–1974... *Astr. J.,* **75**, 744.

Morrison, L.V., and G.M. Appleby, 1981: Analysis of lunar occultations–III. Systematic corrections to Watts' limb-profiles for the Moon. *Mon. Not. R. Astron. Soc.*, **196**, 1013.

Morrison, L.V., and C.G. Ward, 1975: An analysis of the transits of Mercury: 1677–1973. *Mon. Not. Roy. Astron. Soc.*, **173**, 183–206.

Mucke, H., and J. Meeus, 1983: *Canon of Solar Eclipses: –2003 to +2526*, Astronomisches Büro, Vienna.

Newcomb, S., 1895: Tables of the motion of the Earth on its axis around the Sun. *Astron. Papers Amer. Eph.,* Vol. 6, Part I.

Pasachoff, J.M., 2000: *Field Guide to the Stars and Planets*, 4th edition, Houghton Mifflin, Boston, 578 pp.

Pasachoff, J.M., 1998: "Public Education and Solar Eclipses." In: L. Gouguenheim, D. McNally, and J.R. Percy, eds., *New Trends in Astronomy Teaching*, IAU Colloquium 162 (London), Astronomical Society of the Pacific Conference Series, 202–204.

Pasachoff, J.M., 2001: "Public Education in Developing Countries on the Occasions of Eclipses." In: A.H. Batten, ed., *Astronomy for Developing Countries*, IAU special session at the 24th General Assembly, 101–106.

Pasachoff, J.M., and B.O. Nelson, 1987: Timing of the 1984 total solar eclipse and the size of the sun. *Sol. Phys.*, **108**, 191–194.

Pasachoff, J.M., and M. Covington, 1993: *Cambridge Guide to Eclipse Photography*, Cambridge University Press, Cambridge and New York, 143 pp.

Penner, R., and J.N. McNair, 1966: Eclipse blindness—Report of an epidemic in the military population of Hawaii. *Am. J. Ophthal.*, **61**, 1452–1457.

Pitts, D.G., 1993: "Ocular Effects of Radiant Energy." In: D.G. Pitts and R.N. Kleinstein (eds.), *Environmental Vision: Interactions of the Eye, Vision and the Environment*, Butterworth-Heinemann, Toronto, 151 pp.

Reynolds, M.D., and R.A. Sweetsir, 1995: *Observe Eclipses*, Astronomical League, Washington, DC, 92 pp.

Sherrod, P.C., 1981: *A Complete Manual of Amateur Astronomy*, Prentice-Hall, 319 pp.

Stephenson, F.R., 1997: *Historical Eclipses and Earth's Rotation*, Cambridge/New York: Cambridge University Press, 406 pp.

Rand McNally, 1991: *The New International Atlas*, Chicago/New York/San Francisco, 560 pp.

van den Bergh, G., 1955: *Periodicity and Variation of Solar (and Lunar) Eclipses*, Tjeenk Willink, Haarlem, Netherlands.

Van Flandern, T.C., 1970: Some notes on the use of the Watts limb-correction charts. *Astron. J.*, **75**, 744–746.

Watts, C.B., 1963: The marginal zone of the Moon. *Astron. Papers Amer. Ephem.*, **17**, 1–951.

Further Reading on Eclipses

Allen, D., and C. Allen, 1987: *Eclipse*, Allen and Unwin, Sydney, 123 pp.

Eastman Kodak, 1988: *Astrophotography Basics*, Kodak Customer Service Pamphlet P150, Rochester, New York.

Brewer, B., 1991: *Eclipse*, Earth View, Seattle, Washington, 104 pp.

Brunier, S., 2001: *Glorious Eclipses*, Cambridge University Press, New York, 192 pp.

Covington, M., 1988: *Astrophotography for the Amateur*, Cambridge University Press, Cambridge, 346 pp.

Duncomb, J.S., 1973: *Lunar limb profiles for solar eclipses*, U.S. Naval Observatory Circular No. 141, Washington DC.

Dunham, J.B, D.W. Dunham, and W.H. Warren, 1992: *IOTA Observer's Manual*, (draft copy).

Espenak, F., 1991: Total eclipse of the Sun. *Petersen's Photo-Graphic*, June 1991, 32.

Golub, L., and J.M. Pasachoff, 1997: *The Solar Corona*, Cambridge University Press, Cambridge, 388 pp.

Golub, L., and J. Pasachoff, 2001: *Nearest Star: The Exciting Science of Our Sun*, Harvard University Press, Cambridge, 286 pp.

Harrington, P.S., 1997: *Eclipse!*, John Wiley and Sons, New York, 280 pp.

Harris, J., and R. Talcott, 1994: *Chasing the Shadow: An Observer's Guide to Solar Eclipses,* Kalmbach Publishing Company, Waukesha, Wisconsin, 160 pp.

Littmann, M., K. Willcox, and F. Espenak, 1999: *Totality, Eclipses of the Sun*, Oxford University Press, New York, 268 pp.

Mitchell, S.A., 1923: *Eclipses of the Sun*, Columbia University Press, New York.

Meeus, J., 1989: *Elements of Solar Eclipses: 1951–2200*, Willmann-Bell, Inc., Richmond, 112 pp.

Meeus, J., 1991: *Astronomical Algorithms,* Willmann-Bell, Inc., Richmond, 477 pp.

Mucke, H., and Meeus, J., 1983: *Canon of Solar Eclipses: –2003 to +2526*, Astronomisches Büro, Vienna.

North, G., 1991: *Advanced Amateur Astronomy*, Edinburgh University Press, 441 pp.

Oppolzer, T.R. von, 1962: *Canon of Eclipses*, Dover Publications, New York, 376 pp.

Ottewell, G., 1991: *The Under-Standing of Eclipses*, Astronomical Workshop, Greenville, South Carolina, 96 pp.

Pasachoff, J.M., 2004: *The Complete Idiot's Guide to the Sun*, Alpha Books, Indianapolis, Indiana, 360 pp.

Pasachoff, J.M., and B.O. Nelson, 1987: Timing of the 1984 total solar eclipse and the size of the Sun. *Sol. Phys.*, **108**, 191–194.

Steel, D., 2001: *Eclipse: The Celestial Phenomenon That Changed the Course of History,* Joseph Henry Press, Washington, DC, 492 pp.

Stephenson, F.R., 1997: *Historical Eclipses and Earth's Rotation*, Cambridge University Press, New York, 573 pp.

Todd, M.L., 1900: *Total Eclipses of the Sun*, Little, Brown, and Co., Boston.

Zirker, J.B., 1995: *Total Eclipses of the Sun*, Princeton University Press, Princeton, 228 pp.

Further Reading on Eye Safety

Chou, B.R., 1998: Solar filter safety. *Sky & Telescope*, **95**(2), 119.

Pasachoff, J.M., 1998: "Public Education and Solar Eclipses." In: L. Gouguenheim, D. McNally, and J.R. Percy, eds., *New Trends in Astronomy Teaching,* IAU Colloquium 162 (London), Astronomical Society of the Pacific Conference Series, 202–204.

Further Reading on Meteorology

U.S. Dept. of Commerce, 1972: *Climates of the World*, Washington, DC.

Griffiths, J.F., ed., 1972: *World Survey of Climatology, Vol. 10, Climates of Africa*, Elsevier Pub. Co., New York, 604 pp. National Climatic Data Center, 1996: *International Station Meteorological Climate Summary; Vol. 4.0* (CD-ROM), NCDC, Asheville, North Carolina.

Schwerdtfeger, W., ed., 1976: *World Survey of Climatology, Vol. 12, Climates of Central and South America,* Elsevier Publishing Company, New York, 532 pp.

Wallen, C.C., ed., 1977: *World Survey of Climatology, Vol. 6, Climates of Central and Southern Europe*, Elsevier Publishing Company, New York, 258 pp.

Warren, S.G., C.J. Hahn, J. London, R.M. Chervin, and R.L. Jenne, 1986: Global Distribution of Total Cloud Cover and Cloud Type Amounts Over Land. *NCAR Tech. Note NCAR/TN-273+STR* and *DOE Tech. Rept. No. DOE/ER/60085-H1,* U.S. Department of Energy, Carbon Dioxide Research Division, Washington, DC, (NTIS number DE87-006903).

www.ingramcontent.com/pod-product-compliance
Lightning Source LLC
Chambersburg PA
CBHW081734170526
45167CB00009B/3821